U0194757

常见观花植物原色图鉴

王意成 ⊙编著

中国水利水电出版社
www.waterpub.com.cn
·北京·

内容提要

本书详列了生活中常见的200多种观花植物，并对其名称、形态特征、生长习性、花期、观赏价值和其他使用价值等方面进行了详细的介绍，让你更深入地认识并了解这些常见观花植物。除此之外，本书还精心配备了大量精美细致的植物高清图片，既能让阅读更加直观，又能在阅读过程中增加美的享受。

本书适合花卉爱好者或对学习和研究花卉感兴趣的人，是一本集花卉欣赏与花卉知识普及于一体的书籍，内容翔实，插图精美，可以作为识别或者鉴赏花卉植物的工具书和科普读物。

图书在版编目（CIP）数据

常见观花植物原色图鉴 / 王意成编著. -- 北京 :
中国水利水电出版社, 2018.1
ISBN 978-7-5170-5936-3

Ⅰ. ①常… Ⅱ. ①王… Ⅲ. ①花卉－观赏园艺－图集
Ⅳ. ①S68-64

中国版本图书馆CIP数据核字(2017)第245996号

策划编辑：杨庆川　　责任编辑：张玉玲　　加工编辑：孙　丹　　封面设计：创智明辉

书　名	常见观花植物原色图鉴 CHANGJIAN GUANHUA ZHIWU YUANSE TUJIAN
作　者	王意成　编著
出版发行	中国水利水电出版社 （北京市海淀区玉渊潭南路1号D座　100038） 网址：www.waterpub.com.cn E-mail：mchannel@263.net（万水） sales@waterpub.com.cn 电话：（010）68367658（营销中心）、82562819（万水）
经　售	全国各地新华书店和相关出版物销售网点
排　版	北京万水电子信息有限公司
印　刷	北京市雅迪彩色印刷有限公司
规　格	170mm×240mm　16开本　16印张　395千字
版　次	2018年1月第1版　2018年1月第1次印刷
印　数	0001—5000册
定　价	65.00元

凡购买我社图书，如有缺页、倒页、脱页的，本社营销中心负责调换

前言

花是柔软的，可以使人心境柔和；花也是娇媚的，风姿千种，或清雅脱俗，或艳丽娇娆，或暗香冷艳……皆有其美丽动人之处。观花雅事自古有之，素有“春兰、夏荷、秋菊、冬梅”之说，认识、欣赏、了解这些观花植物，可以为我们的生活增加乐趣，还能够亲近大自然，放松身心、愉悦情感。

一说到花，首先浮现在你脑海中的会是什么呢？是倾国倾城的牡丹，是清丽脱俗的荷花，抑或是端庄秀雅的月季？除了这些，我们经常能够见到的观花植物还有蕊黄嫩娇的棣棠花，玲珑秀美的花毛茛，幽香扑鼻的米仔兰，清秀别致的鸡蛋花……然而，对于这些美丽的花卉，大部分人多是观其色，赏其形，闻其味，只知春花娇媚可人、夏花热情绚烂、秋花高洁秀致、冬花凌寒清雅，对很多植物却叫不出名字。若是能够根据观赏花卉的形态特征知道其名称，并对其生长习性、花期等有更深入的了解，从而更好地欣赏其价值，岂不是更好？

本书详列了生活中常见的 200 多种观花植物，并对其名称、形态特征、生长习性、花期、观赏价值和其他使用价值等方面进行了详细的介绍，让你更深入地认识并了解这些常见观花植物。除此之外，本书还精心配备了大量精美细致的植物高清图片，既能让阅读更加直观，又能在阅读过程中增加美的享受。

花虽无语亦动人，红尘路漫，不如让我们与花为伴，浸染一袭花香，做一个识花、赏花、爱花之人。

阅读导航

介绍常见观花植物的别名、科属及其分布，让读者对常见观花植物有一个初步了解

详细介绍常见观花植物的形态特征，更利于读者识别常见观花植物

对常见观花植物的生长习性进行介绍，进一步认识常见观花植物

对常见观花植物的整体或局部特征进行文字注解，更有利于读者对常见观花植物进行辨别

郁金香

别名：洋荷花、草麝香、荷兰花

科属：百合科郁金香属

分布：西北、华东、华中地区

形态特征

多年生草本植物。鳞茎呈扁圆锥形或卵形，外层皮纸质；叶3～5枚，呈披针形或卵状披针形；花茎长6～10厘米；花单生，大而艳，呈杯形、卵形、钟形或百合花形等；花被长5～7厘米，宽2～4厘米，花色绚烂；花柱柱头呈鸡冠状；蒴果三室，种子扁平，数量多。

生长习性

喜光怕热，属于长日照花卉，适宜种植在疏松肥沃的微酸性沙质土壤中。

花期

3～5月。

观赏价值

郁金香是享誉世界的观赏花卉，花容端庄沉静，花色绚烂艳丽，成片开放，鲜艳夺目，异彩纷呈。高茎郁金香可用作鲜切花，也可成片植于草坪边缘。矮茎品种宜盆栽。

其他用途

郁金香可药用，对胸脘满闷、口臭苔腻等症状有一定的辅助治疗作用。同时，郁金香的叶子还可吸收空气中的二氧化硫等多种有害气体，能有效净化空气。

花被裂片呈狭倒披针形，强烈皱缩和反卷

花茎高约30厘米

叶为披针形或卵状披针形

38 常见观花植物原色图鉴

铃兰

别名：君影草、糜子菜、芦藜花、铃铛花等

科属：百合科铃兰属

分布：东北、华北、华中等地

形态特征

多年生草本植物。株高 18 ~ 30 厘米，全株无毛；叶长 7 ~ 20 厘米，宽 3 ~ 8.5 厘米，呈椭圆形或卵状披针形；叶柄长 8 ~ 20 厘米；花葶稍微外弯，呈披针形；花梗长 6 ~ 15 厘米，顶端有关节；花白色；花丝比花药稍短；花柱柱状，长 2.5 ~ 3 毫米；浆果熟后呈红色，下垂；种子扁圆，表面有细网状纹路。

生长习性

喜半阴、湿润的生长环境，耐严寒，畏燥热，宜在富含腐殖质的沙壤土中生长。

花期

5 ~ 6 月。

观赏价值

铃兰体态小巧玲珑，花朵清丽幽雅且芳香宜人，是十分理想的花坛、花境及盆栽用花，也可广泛植于草坪，或作地被植物。

其他用途

铃兰可全草入药，有强心、利尿之效，可用于充血性心力衰竭等症状的治疗。铃兰放于室内，不仅可以净化空气，还能抑制结核菌、葡萄球菌的生长繁殖，并且其香气亦有助于睡眠。

花白色，花形似小铃铛

叶呈椭圆形或卵状披针形

介绍常见观花植物的观赏价值，让读者更加详细地了解该植物

介绍常见观花植物的其他用途，全方位了解该植物

多幅高清大图使读者识别常见观花植物更加直观

目录

第一章 草本植物

第二章 藤本植物

第三章 灌木植物

第四章 乔木植物

索引

花的构造

花朵是种子植物的有性繁殖器官，繁殖后代是它的主要功能。它由花梗、花托、花萼、花冠、花被、雄蕊群和雌蕊群组成。有的花有花柄，有的花无花柄；无柄花是指没有任何枝干支撑、单生于叶腋的花，但大多数花是有花柄的，花柄一般是指与茎连接起支撑作用的小枝，如果花柄有分枝且各分枝均有花着生，那么各分枝就被称为小梗；花柄之上还有花托，花托膨大，花的各部分轮生其上。根据其构造，花还有完全花和不完全花两类，完全花花萼、花冠、雄蕊和雌蕊四部分俱全，如桃花、梅花等；缺少其中一到三部分的花则被称为不完全花，如桑树花、黄瓜花等。

花柄

又被称为花梗，它是连接茎的小枝，起支撑花的作用，长短不一。

花托

花与茎相连的部分，由节与节间组成，这些节常会因为节间的缩短而紧密地拥挤在一起，导致花托变形。花托上着生的苞片、萼片和花瓣可螺旋或轮生地排列在一起。

花萼

在花的最外面，对花的其他部分起保护作用，在形态学上，花萼被视为一种变态叶，通常为绿色。花受精后，花萼常脱落或宿存，宿存花萼对果实有良好的保护作用。

花冠

通常可分裂成片状，称为花瓣。花瓣在形态学上被认为是一种叶性器官，其大小和形状变化多样，花瓣一般颜色艳丽，可以吸引昆虫帮助授粉。

雄蕊群

花内全部雄蕊的总称。雄蕊通常又由花药和花丝组成，其中花药或花丝部分经常会并连，若花药完全分离，花丝联合成一束，称为单体雄蕊，如蜀葵；花丝并连成两束，称为二体雄蕊，如豌豆花；花丝并连成三束，称为三体雄蕊，如连翘；花丝并连成四束或以上，称为多体雄蕊，如金丝桃。如果花丝完全分离，花药却相互联合，则称为聚药雄蕊，常见于菊科植物。

雌蕊群

花中所有雌蕊的总称，位于花的中心，由着生胚珠的心皮组成。心皮被认为是雌蕊的基本单位，一朵花中会有一个或多个心皮，由此形成的雌蕊常分化出能育的子房和子房上不能育的花柱和花头。根据组成雌蕊的心皮数目和结合方式，可将其分为单雌蕊和复雌蕊两类，其中单雌蕊又称离生心皮雌蕊，即只有一个心皮构成的雌蕊，如毛茛。复雌蕊又称合生心皮雌蕊，由两个或两个以上的心皮组成，其中子房合生，花柱与柱头分离的，如石竹；子房与花柱合生，柱头分离的，如向日葵；子房、花柱、柱头三者全部合生的，如油菜花等。

花的形状

花及花序在长期进化过程中，产生了适应性变异，形成了各种各样的花形，根据其是否对称，可将其划分为辐射对称花、两侧对称花和不对称花。辐射对称花即通过花中心的任何一条线都可将花分成对称的两部分，一般把具有对称面的花称为整齐花，反之则称为不整齐花；两侧对称花与辐射对称花相对应，指通过花中心轴只有一个切面能将花分为对称的两半，一般花瓣为奇数；不对称花则指没有一条线能将花划分成对称的两部分，花朵形状一般较奇特。而我们常见的花形一般有以下几种：

十字形

花瓣 4 枚，排列成辐射对称的十字形。常见于十字花科植物，如诸葛菜、香雪球等。

蝶形

花瓣 5 枚，呈覆瓦状排列，最上面的一片称为旗瓣，最大；侧面的两片为翼瓣，比旗瓣小；最下面的两片为龙骨瓣，状如龙骨，基部稍合生。常见于豆科植物，如羽扇豆、小冠花等。

唇形

下部合生成管状，上部状如口唇，向一边张开，上唇常有 2 裂，下唇有 3 裂。常见于唇形科植物，如一串红、随意草等。

高脚碟形

下部合生成狭长的圆筒状，上部水平开展如碟状。常见于报春花科或木樨科植物，如报春花、迎春花、金钟花等。

漏斗状

下部合生成筒状，向上逐渐扩大呈漏斗状。常见于旋花科植物，如牵牛花、茑萝花等。

钟状

下部合生成宽而短的筒状，上部裂片扩大呈钟状。常见于桔梗科和龙胆科植物，如桔梗花、紫斑风铃草等。

辐状或轮状

下部合生成短筒，裂片从基部向四周扩展，状如轮辐。常见于茄科植物，如西红柿花、碧冬茄、龙葵等。

管状

花冠大部分合生成管状或圆筒状。常见于菊科植物，如向日葵、菊花等。

舌状

花冠基部合生成短筒，上部合生成向一侧展开的扁平舌状。常见于菊科植物，如蒲公英等。

花的颜色艳丽丰富，主要是因为花瓣的细胞液里含有花青素和类胡萝卜素等营养物质，这些色素的颜色会随着细胞液的酸碱度而变化。如花青素在碱性溶液中为蓝色，在酸性溶液中为红色，而在中性溶液中则呈紫色，所以花青素含量丰富的花瓣多呈红色、蓝色或紫色。而类胡萝卜素是脂溶性物质，分布在细胞的染色体内，主要形成黄、橙、橘红等色。白色花瓣的细胞中不含色素，因其细胞间隙中有许多空气组成的微小气泡，会反射光线，因此花瓣呈现白色，而复色花则因为不同色素分布在各个不同的部位，从而呈现出一花多色的效果。

花序

花序是花按固定方式有规律地排列在总花柄上的一群或一丛花，它是植物的特征之一，可分为无限花序和有限花序。其中无限花序随着花序轴的生长，不断产生花芽或重复地产生侧枝，在枝顶上分化出花；有限花序一般称为聚伞花序，花序轴顶端先形成花芽，且不再继续生长，然后侧枝枝顶陆续成花，因此花的数目并不多，往往是顶端或中心的花先开，侧枝的花渐次开放。常见的花序类型有以下 8 种：

总状花序

植株上的每朵小花都有一个花柄与花轴有规律地相连，每朵小花的花柄长短大致相等，花轴较长，但单一。总状花序的开花顺序是由下而上，一般着生于花轴下面的花发育较早，而接近花轴顶部的花发育较迟，在整个花轴上可看到发育程度不同的花朵。

二歧聚伞花序

植株的主轴上端有二侧轴，而所分侧轴又在它的两侧分出二侧轴。如卫矛科植物的大叶黄杨、卫矛等，石竹科植物的石竹、卷耳、繁缕等。

穗状花序

只有一个直立的花轴，其上着生许多无柄或柄很短的两性花，是总状花序的一种类型，也属于无限花序。禾本科、莎草科、苋科和蓼科中的许多植物都具有穗状花序。

柔荑花序

花轴柔韧，呈下垂或直立状，其上着生有许多无柄或短柄的单性花（雄花或雌花），如果凋落，一般整个花序会一起脱落，属于无限花序的一种。

头状花序

由许多或一朵无柄小花密集地着生于花轴顶部，并聚成头状，外形似一朵大花，花轴短而膨大，为扁形，各苞片叶则集成总苞。许多头状花序可再组成圆锥花序、伞房花序等。

伞房花序

也称平顶总状花序，是一种变形的总状花序，排列在花序上的各花花柄长短不一，下边的花柄较长，向上渐短，整个花序近似在一个平面上，如麻叶绣球、山楂等。此外，几个伞房花序排列在花序总轴的近顶部，可形成复伞房花序，开花顺序由外向里，如绣线菊。

圆锥花序

又称复总状花序，花轴上生出许多小枝，每一小枝可自成总状花序，许多小的总状花序组成了整个花序。

伞形花序

一般一个花序梗顶部可伸出多个近等长的花柄，整个花序形如伞状，每一小花梗则称为伞梗。通常花序轴基部的花先开放，然后向上依次开放，但如果花序轴较短，花朵较密集，可由边缘向中央依次开放。在开花期内，花序的初生花轴可继续向上生长、延伸，并不断生出新的苞片，在其腋中开花。

第一章

草本植物

草本植物是指茎秆和叶片多汁、柔软呈草质的一类植物，主要包括一年生草本植物，如牵牛花、瓜叶菊、翠菊等；二年生草本植物，如雏菊、蒲包花、锦葵等；多年生草本植物，如石竹、美女樱等。草本植物在日常生活中随处可见，其中许多草本植物的花色泽亮丽鲜艳，形态各异，具有优良的观赏价值，既可以美化环境，也给人们的生活带来了美的享受。

芍药

别名：将离、离草、余容

科属：芍药科芍药属

分布：东北、华北、江苏、陕西及甘肃南部

形态特征

多年生草本植物。植株高 50 ~ 100 厘米；三出羽状复叶，上方单叶，小叶形状各异，有椭圆形、披针形及狭卵形等形状，叶面有绿、黄绿和深绿等色，叶背粉绿色；花腋生或单生在茎顶，直径 8 ~ 11 厘米；花瓣呈倒卵形，有 5 ~ 13 枚，园艺品种更甚，可达上百枚，花型多变；果实呈纺锤形、瓶形和椭圆形，内有种子 5 ~ 7 粒。

生长习性

耐旱、喜光照。多生长于光照充足的山坡、草地及林下；城市公园也多有栽培。

花期

5 ~ 6月。

观赏价值

芍药妩媚多姿、花容绰约，有“花相”的美誉。花色绚丽，品种丰富，常在园林中成片种植，花开时耀眼夺目。芍药还是重要的切花材料，亦可插瓶或制作花篮。

其他用途

芍药根含有芍药苷和苯甲酸，具有镇痛、通经的功效，对胃痉挛、痛风、眩晕等病症有辅助治疗的效果。花可食，可制成花粥、花饼和花茶；芍药的种子可榨成制作肥皂的油料或掺和油漆作涂料使用。

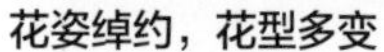

花姿绰约，花型多变

花蕾外轮有 5 枚萼片，呈叶状披针形

三回羽状复叶，叶端长而尖，具有观赏价值

花丝黄色，花盘呈浅杯状

花开时，浓艳瑰丽，绚烂壮观

菊花

别名：寿客、女华、秋菊、金英

科属：菊科菊属

分布：全国各地，尤以中部、东部和西南部为盛

形态特征

多年生草本植物。株高 60 ~ 150 厘米，茎直立，幼时多为嫩绿色或稍微带褐色，有柔毛；叶互生，卵形至披针形，长 5 ~ 15 厘米，叶背有白色短绒毛；头状花序顶生，舌状花颜色各异，管状花为黄色；总苞片有多层，外被柔毛；瘦果上端稍尖，褐色，呈扁平楔形，内有一粒无胚乳种子。

生长习性

性喜光，耐旱怕涝。适宜在土层深厚、排水良好、疏松肥沃的土壤中生长。

花期

9 ~ 11 月。

观赏价值

作为园林中常见的重要花卉之一，菊花盛开时千姿百态，异彩纷呈，为萧索的秋季增添了几分热闹和趣味。菊花枝条柔软，可制成菊塔、菊桥、菊门、菊球等形式多样、复杂精美的造型，还可以培植成悬崖菊、盆景等。

其他用途

菊花可入药，具有平肝明目、清热解毒、疏风散热等功效。菊花可以食用，用来制作糕点、汤品、茶饮等。另外，菊花还可制成护膝、睡枕使用，有很好的保健作用。

外围为舌状花，形大色艳，内层是筒状花，中心有雌蕊

叶片边缘有锯齿或深裂

一株菊花可以分出上千个花蕾

向日葵

别名：朝阳花、望日莲、太阳花、向阳花

科属：菊科向日葵属

分布：东北、西北和华北地区

形态特征

一年生高大草本植物。株高 1 ~ 3 米，茎粗壮直立，有白色粗硬毛；叶互生，呈卵圆形或心状卵形，叶面粗糙，边缘有锯齿；头状花序大，直径 10 ~ 30 厘米，花盘单生于茎顶，边缘为黄色的舌状花，中间为棕色或紫色的管状花；瘦果稍微扁压，呈倒卵形或卵状长圆形，有白色短绒毛。

生长习性

性喜暖，耐旱。四季皆可种植，其中以夏、冬两季为主，在各类土壤中均能良好成长。

花期

7 ~ 9 月。

观赏价值

向日葵花朵亮丽大方、明艳如金，可用作切花，也可盆栽或植于花坛和庭院内。

其他用途

向日葵种子味香可口，含油量高，可食用，有润肤泽毛之效。而且向日葵全身皆可入药，花盘清热化痰，茎叶清肝明目，茎髓健脾利湿，根行气止痛。花穗、茎秆和种子皮壳还可以作为工业原料来制作人造丝和纸浆等。

头状花序极大，单生于枝端，颜色金黄鲜艳

茎粗壮直立，上有白色粗硬毛

常成片栽种，是优良的农作物

金盏花

别名：金盏菊、醒酒菊、长春花、金盏等

科属：菊科金盏花属

分布：全国各地

形态特征

两年生草本植物。全株有毛，高 20 ~ 75 厘米，自茎基部常有分枝；基生叶为长圆状倒卵形或匙形，有柄，茎生叶长 5 ~ 15 厘米，宽 1 ~ 3 厘米，呈长圆披针形或长圆倒卵形，无柄；头状花序单生茎顶，花黄色或橙黄色，直径约 5 厘米；总苞片 1 ~ 2 层，呈披针形或长圆披针形；管状花檐部有三角状披针形裂片；瘦果淡褐色或淡黄色，全部弯曲，外有小针刺，顶端有喙。

生长习性

喜欢温和凉爽的环境气候，可耐旱，不择土壤，但最适宜种植在土质疏松，土壤肥沃的微酸性土壤里。

花期

4 ~ 9 月。

观赏价值

金盏花花如其名，如盏绽放，色如金，耀眼夺目，宜成片栽种，适用于花坛、花带的布置，也可用于草坪的镶边花卉或者盆栽欣赏。长梗品种可用于切花。

其他用途

金盏花富含多种维生素，有美容肌肤、延缓衰老的功效。金盏花还可制茶，味微苦，可加入蜂蜜调和。感冒时饮用金盏花茶，有助退烧。

株高约 30 ~ 60 厘米，上有白色绒毛

花如其名，形如盏，色如金

叶椭圆形或椭圆状倒卵形

大丽花

别名：天竺牡丹、西番莲、大理菊、东洋菊、洋芍药

科属：菊科大丽花属

分布：全国多个省区

形态特征

多年生草本植物。茎直立粗壮，高 1.5 ~ 2 米，多分枝；叶 1 ~ 3 回羽状全裂，裂片呈卵形或长圆状卵形，叶背灰绿色，两面均无毛；头状花序大，有花序梗，花常下垂；总苞片外层约有 5 枚裂片，裂片叶质，呈卵状椭圆形，内层膜质，呈椭圆状披针形；舌状花一层，常为卵形，顶端有 3 个不明显的齿，白色、紫色或红色；管状花黄色；瘦果扁平，呈长圆形，黑色，有 2 个不明显的齿。

生长习性

喜欢凉爽的气候和半阴的生长环境，不耐干旱和水涝，适宜种植在疏松肥沃、排水良好的沙质土壤中。

花期

6 ~ 12 月。

观赏价值

大丽花以花朵优美、色彩绮丽而闻名，是世界名花之一，花期长，花朵大，品种繁多，适宜作花坛、花境的装饰，亦可植于庭前，其中一些矮生品种还可盆栽。

其他用途

大丽花根内含有的菊糖，与葡萄糖有同样的功效。大丽花观赏价值高，市场需求量大，有很好的经济价值。

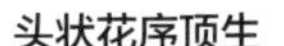

头状花序顶生

花瓣常为卵形

花朵优美、色彩绮丽

百日菊

别名：百日草、火毡花、鱼尾菊、节节高、步步登高

科属：菊科百日菊属

分布：全国栽培广泛

形态特征

一年生草本植物。茎直立，高 30 ~ 100 厘米，有糙毛或长硬毛；叶长 5 ~ 10 厘米，宽 2.5 ~ 5 厘米，呈宽卵圆形或长圆状椭圆形，叶面粗糙，叶背密被短糙毛；头状花序单生枝顶；总苞宽钟形，苞片多层，外层长约 5 毫米，内层长约 10 毫米，呈宽卵形或卵状椭圆形，边缘黑色；托片上端有延伸的附片，附片呈流苏状三角形，紫红色；舌状花颜色丰富，舌片呈倒卵形，先端或全缘有 2 ~ 3 个齿裂；管状花黄色或橙色，先端裂片呈卵状披针形，上面有黄褐色密茸毛；雌花瘦果扁平，呈倒卵形，有毛；管状花极扁，呈倒卵状楔形，有疏毛。

生长习性

喜光怕暑，耐贫瘠和干旱，不耐寒和连作，适宜在土层深厚的土壤中生长。

花期

6 ~ 9 月。

观赏价值

百日菊花姿挺秀，花容娇丽，开花早，花期长，可用来布置花境、花坛和花带等，也可盆栽。

其他用途

百日菊药用时有清热解毒、利湿之效，对痢疾、感冒发热、风火牙痛等症有一定的辅助治疗作用。

茎直立，有糙毛或长硬毛

舌状花呈倒卵形，管状花黄色或橙色

百日菊花姿挺秀，花容娇丽

瓜叶菊

别名：富贵花、黄瓜花

科属：菊科瓜叶菊属

分布：全国各地

形态特征

多年生草本植物。茎直立，高 30 ~ 70 厘米，密被白色长柔毛；叶呈肾形至宽心形，顶端急尖或渐尖，基部深心形，叶缘有不规则的三角形浅裂或钝锯齿，叶面绿色，叶背为灰白色；叶柄抱茎，长 4 ~ 10 厘米；头状花序在茎端排列成宽伞房状；花序梗粗；总苞钟状，总苞片一层，呈披针形，顶端渐尖；舌片花呈长椭圆形，顶端有 3 个小齿，向外展开，颜色为紫红、淡蓝、粉红或近白色；管状花长约 6 毫米，黄色；瘦果长圆形，有棱，开始有毛，后无毛。

生长习性

喜光，不耐高温和霜冻，其叶大而薄，需要充足的水分，但也不宜过湿，以叶片不凋为宜。

花期

3 ~ 7 月。

观赏价值

瓜叶菊花形丰满、颜色丰富，清新怡人，它在寒冷的冬季开花，是冬春时节的观赏植物之一，可植于花坛或盆栽置于室内，也可用作切花。

其他用途

瓜叶菊有良好的美化价值，可组成各种图案来布置宾馆内部环境或会场前庭等地。

头状花序在茎端排列成宽伞房状

舌片花呈长椭圆形，向外展开，管状花黄色

孔雀草

别名：小万寿菊、红黄草、西番菊、缎子花

科属：菊科万寿菊属

分布：全国各地

形态特征

一年生草本植物。株高 30 ~ 100 厘米；茎直立，基部通常有分枝，分枝斜向开展；叶长 2 ~ 9 厘米，宽 1.5 ~ 3 厘米，羽状分裂，裂片呈线状披针形，叶缘有锯齿，齿的基部常有一个腺体；头状花序单生；花序梗长 5 ~ 6.5 厘米，顶端稍粗；总苞长椭圆形，上端有锐齿和腺点；舌状花橙色或金黄色，并带有红色斑点，舌片近圆形，顶端微凹；管状花花冠黄色，与冠毛等长，有 5 个齿裂；瘦果呈线形，基部缩小，黑色，被短柔毛。

生长习性

喜光，能耐半阴，对土壤要求不严，可生于海拔 750 ~ 1600 米的林中或山坡草地，亦可植于庭园。

花期

7 ~ 9 月。

观赏价值

孔雀草橙黄色的花朵娇小玲珑，在炎热的夏季生机勃勃，已逐渐成为花坛和庭院的主体花卉。

其他用途

孔雀草全草可入药，味苦性凉，有止咳、清热解毒之效，可用于目赤肿痛、风热感冒、痢疾、口腔炎、牙痛、咳嗽等症的治疗。

头状花序单生

管状花花冠黄色，有齿裂

舌状花舌片近圆形，顶端微凹

叶羽状分裂，裂片呈线状披针形，叶缘有锯齿

花朵娇小玲珑，通常数朵竞相开放，美不胜收

松果菊

别名：紫锥花、紫锥菊、紫松果菊

科属：菊科松果菊属

分布：山西、河北、内蒙古、陕西、青海、甘肃、新疆

形态特征

多年生草本植物。株高 50 ~ 150 厘米，全株有粗毛；茎挺拔直立；基生叶为卵形或三角形，茎生叶呈卵状披针形，叶柄基部稍微抱茎；头状花序单生枝顶，或多数聚生；花较大，花冠直径为 8 ~ 13 厘米，中心部分向上突起呈球形，球上的管状花为橙黄色，外围的舌状花颜色丰富多样；种子为浅褐色，外皮较硬。

生长习性

喜欢温暖向阳的生长环境，稍耐寒，适宜在土层深厚、富含有机质的肥沃土壤中生长。

花期

6 ~ 7 月。

观赏价值

松果菊因其头状花序像松果而得名，它的外形虽然与普通菊花无异，但是花朵更大，颜色也更为艳丽，具有很高的观赏价值，可作背景花卉栽植，亦可用来布置花境或用作切花材料。

其他用途

松果菊含有多种活性成分，可增强人体内白细胞等免疫细胞的活力，提高人体免疫力。

花较大，直径 8 ~ 13 厘米

管状花为橙黄色，舌状花颜色丰富

中心部分向上突起呈球形

天人菊

别名：虎皮菊、老虎皮菊

科属：菊科天人菊属

分布：中、南部地区

形态特征

一年生草本植物。株高 20 ～ 60 厘米；茎自中部分枝，被锈色毛或短柔毛；下部叶长 5 ～ 10 厘米，宽 1 ～ 2 厘米，呈匙形或倒披针形，先端急尖，叶缘有波状钝齿、浅裂至琴状分裂，近无柄；上部叶呈长椭圆形、倒披针形或匙形，基部无柄或心形半抱茎，叶两面均有伏毛；头状花序生于茎顶；总苞片呈披针形，边缘有长缘毛，基部密被长柔毛；舌状花黄色，基部带紫色，舌片为宽楔形，顶端有 2 ～ 3 裂；管状花裂片呈三角形，顶端呈芒状，有节毛；瘦果长 2 毫米，基部有长柔毛。

生长习性

喜光照充足、干燥的生长环境，耐寒耐旱，但不耐阴，适宜在排水良好的土壤中生长。

花期

6 ～ 8 月。

观赏价值

天人菊花姿娇娆，花色绚烂艳丽，花期长，常成片植于花坛或花丛。

其他用途

天人菊因其良好的适应性，而成为防风固沙的首选植物。

株高 20 ～ 60 厘米，茎被锈色毛或短柔毛

舌状花为宽楔形，管状花裂片三角形

花姿娇娆，花色绚烂艳丽

万寿菊

别名：臭芙蓉、臭菊花、蝎子菊、金菊花

科属：菊科万寿菊属

分布：全国各地

形态特征

一年生草本植物。株高 50 ~ 150 厘米；茎粗壮直立，有纵细条棱，分枝向上平展；叶羽状分裂，裂片呈长椭圆形或披针形，叶长 5 ~ 10 厘米，宽 4 ~ 8 厘米，叶缘有锐锯齿和少数腺体；头状花序单生；花序梗顶端膨大；总苞呈杯状，顶端有齿尖；舌状花为黄色或暗橙色，舌片呈倒卵形，基部收缩成爪，顶端微弯；管状花黄色，顶端有 5 个齿裂；瘦果黑色或褐色，呈线形，被短柔毛。

生长习性

喜光，耐寒耐旱，对土壤要求不高，但不宜在过湿或炎热的环境中生长。

花期

7 ~ 9 月。

观赏价值

万寿菊花容丰满圆润，颜色金黄灿烂，而且花期较长，常用来布置花坛或盆栽置于室内。

其他用途

万寿菊的根、叶、花及花序皆可入药，其中根可消肿解毒，叶可用于痈、疮、疖、疔等症状的治疗，花有化痰止咳、清热解毒的功效，花序可祛风化痰、平肝解热。而且万寿菊还是天然的杀虫剂。

万寿菊花容丰满圆润，颜色金黄灿烂，是理想的观赏花卉

外层为舌状花，内层为管状花

叶羽状分裂，呈长椭圆形或披针形

矢车菊

别名： 蓝芙蓉、翠兰、荔枝菊

科属： 菊科矢车菊属

分布： 新疆、青海、河北、陕西、江苏、山东、湖北、江苏、广东及西藏

形态特征

一年生或二年生草本植物。株高 30 ~ 70 厘米；茎直立，茎枝为灰白色，被薄蛛丝状卷毛；基生叶和下部茎叶不分裂，呈披针形或长椭圆状倒披针形，叶缘有疏锯齿或无锯齿；中部茎叶呈线形、宽线形或线状披针形，顶端渐尖，基部楔状，叶缘无锯齿；上部茎叶与中部茎叶同形，但较小；头状花序在茎顶聚成圆锥花序或伞状花序；总苞椭圆状，苞片顶端有白色或浅褐色的附属物，边缘有流苏状锯齿；外缘花比中央盘花大；瘦果呈椭圆形，有细条纹，疏被白色柔毛。

生长习性

适应性较强，喜光耐寒，不耐阴湿，适应性较强，喜欢疏松肥沃、排水好的沙质土壤。

花期

2 ~ 8 月。

观赏价值

矢车菊株型飘逸、花朵清新优美，具有良好的观赏价值，可用来布置花坛或大片丛植，也可用于草地镶边或盆栽。高杆品种还可用作鲜切花。

其他用途

矢车菊的鲜花可食，有利尿消肿的功效，而且把矢车菊挤出来的汁涂抹在眼睛上，有明目的效果。矢车菊纯露是天然的皮肤清洁剂，有良好的美容功效。

头状花序在茎顶聚成圆锥花序或伞状花序

矢车菊株型飘逸、花朵清新优美

外缘花比中央盘花大

藿香蓟

别名：胜红蓟、一枝香

科属：菊科藿香蓟属

分布：广东、广西、云南、四川、贵州、江西、福建等地

形态特征

一年生草本植物。株高 50 ~ 100 厘米；茎粗壮，不分枝或从基部和中部分枝；叶对生，上部叶有时互生，中部茎叶呈卵形、椭圆形或长圆形，其他叶皆小，呈卵形或长圆形；全部叶基部为宽楔形，顶端急尖，边缘有圆锯齿，两面均有稀疏的白色短柔毛和黄色腺点；多个头状花序排列成紧密的伞房状花序着生在茎端；花梗上有短柔毛；总苞呈钟状或半球形，总苞片 2 层，呈长圆形或披针状长圆形，边缘撕裂；花冠檐部有 5 裂，淡紫色；瘦果有五棱，黑褐色，疏被白色细柔毛。

生长习性

喜光，不耐寒和酷热，对土壤要求不严，常生于山谷、林缘、坡地、河边或荒地上。

花期

全年。

观赏价值

藿香蓟株丛繁茂，花朵玲珑可爱，花色淡雅，是布置花坛、花境、点缀草坪的理想材料。矮生品种可盆栽，高杆品种则可用作鲜切花或制作花篮。

其他用途

全草可入药，有止痛止血、祛风清热的功效，可用于胃痛、咽喉痛、湿疹、泄泻等症状的治疗。

多个头状花序排列呈紧密的伞房状花序着生在茎端

花冠檐部有 5 裂，淡紫色

花朵玲珑可爱，花色淡雅

白晶菊

别名：晶晶菊

科属：菊科茼蒿属

分布：华北地区、台湾

形态特征

二年生草本花卉。株高 15 ~ 25 厘米；叶互生，匙形，有羽状分裂；头状花序单生，花直径 3 ~ 5 厘米；花呈盘状，外围舌状花为条形，银白色，中央管状花金黄色；瘦果；种子可留可不留，若不想留种子，花谢后可剪去残花，如此不仅能增加花朵数量，还能延长花期。

生长习性

喜光照充足、凉爽的环境，耐寒，但不耐高温，适应性强，对土壤要求不高，但要保持土壤的湿润，忌长期湿润，否则会烂根，影响生长。白晶菊花期长，花期时需要补充磷和钾肥。

花期

3 ~ 5 月。

观赏价值

白晶菊清新脱俗，花开成片，耀眼夺目，且花期长，是不可多得的观赏花卉。因其植株低矮且强健，适合作为地被植物，也可盆栽或植于花坛。

其他用途

白晶菊置于室内，其叶能吸收和分解空气中的二氧化碳，并吸附灰尘，达到净化空气的作用。

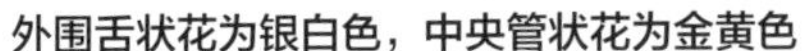

外围舌状花为银白色，中央管状花为金黄色

白晶菊花开成片，是理想的地被植物

翠菊

别名：江西腊、七月菊、格桑花

科属：菊科翠菊属

分布：河北、山东、山西、四川、云南、吉林以及辽宁等地

形态特征

一年或两年生草本植物。茎有纵棱，单生直立，被白色糙毛，基部分枝斜伸或不分枝；下部茎叶于花期脱落或生存，中部茎叶为卵形、匙形、菱状卵形或近圆形，顶端渐尖，基部楔形、截形或圆形，叶缘有不规则的粗锯齿，叶面和叶背疏被短硬毛；上部茎叶渐小，呈倒披针形或长椭圆形；头状花序单生于茎端，有长花序梗；总苞半球形，共 3 层，几乎等长；雌花 1 层，颜色丰富多样，两性花花冠为黄色；瘦果稍扁，呈长椭圆状倒披针形，中部以上有柔毛。

生长习性

喜光照充足、温暖湿润的生长环境，忌寒冷和酷热，适宜在疏松肥沃、排水良好的土壤中生长。

花期

5 ~ 10 月。

观赏价值

翠菊品种多样，开花丰盛，花色艳丽，绚烂精致，是园艺界非常重要的观赏花卉，应用十分广泛，常用于园林布置和庭园装饰，也可盆栽，其中高杆品种还可用作切花。

其他用途

翠菊花可入药，对昏花不明和目赤肿痛等症状有一定的治疗效果。

株高 15 ~ 100 厘米，茎单生直立

头状花序单生

蜡菊

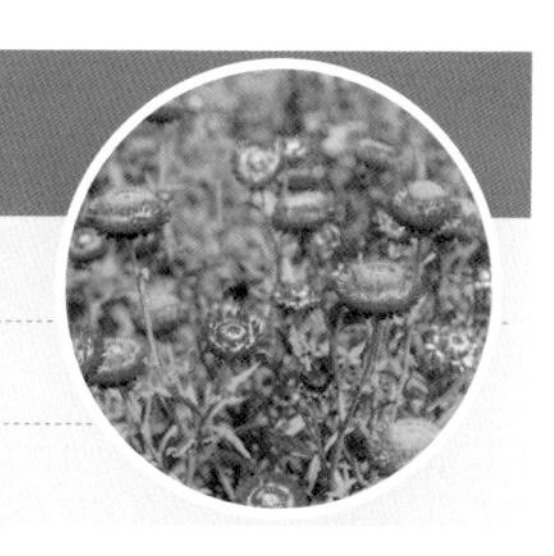

别名：麦秆菊

科属：菊科蜡菊属

分布：全国各地

形态特征

一年生草本植物。株高 50 ~ 100 厘米，茎直立，多分枝，全株有微毛；叶互生，长 12 厘米左右，长披针形至线形，上端尖，基部渐狭窄，有明显主脉；头状花序单生于主枝或侧枝的顶端，花直径 3 ~ 6 厘米，晴天开放，雨天和夜间闭合；总苞片多层，呈覆瓦状排列，外层膜质，呈椭圆形，内层长，呈宽披针形，形似花瓣，颜色丰富；管状花黄色，位于花盘中心；瘦果小棒状，无毛，有四棱。

生长习性

喜向阳的生长环境，不耐寒，怕暑热，喜欢湿润肥沃、排水良好的土壤，但不宜过度施肥，否则花色不艳。

花期

7 ~ 9 月。

观赏价值

蜡菊色彩艳丽、光彩夺目，常用来布置花坛、花境，或在林缘丛植，观赏效果佳。

其他用途

蜡菊的花瓣因含有硅酸而膜质化，干燥后花色经久不变，是制作干花的优良材料。

蜡菊常用来布置花坛、花境，观赏效果佳

总苞多层，覆瓦状排列，形似花瓣

茎直立，多分枝

勋章菊

别名：勋章花、非洲太阳花

科属：菊科勋章菊属

分布：全国各地

形态特征

多年生宿根草本植物。株高 15 ~ 40 厘米；叶丛生，微厚，革质，叶长 15 厘米左右，呈线形或披针形，全缘或有浅羽裂，叶面深绿色，叶背被白色丝状柔毛；花单生，花直径长 7 ~ 8 厘米，随着太阳的升落而开合；舌状花有白、黄、橙红等多种颜色，花瓣富有光泽，在其基部有环状的褐色或黑色斑纹，形如勋章。

生长习性

喜光植物，喜温暖向阳的生长环境，好凉爽，忌炎热和雨涝，适宜在疏松肥沃、排水良好的土壤中生长。

花期

4 ~ 5月。

观赏价值

勋章菊花如其名，形似勋章，色艳姿秀，花心有深色眼斑，奇特别致，野趣十足，是常见的观赏花卉之一。

其他用途

勋章菊园林用途广泛，常用来布置花坛，是修饰花坛和花径的理想镶边材料，还可盆栽来点缀庭园和窗台，或用来插花。

花单生，直径 7 ~ 8 厘米

舌状花基部有环状的褐色或黑色斑纹，形似勋章

小丽花

别名：小丽菊、小理花

科属：菊科大丽花属

分布：全国各地

形态特征

多年生球根草本植物。小丽花与大丽花基本相似，为大丽花品种中的矮生品种，有纺锤状肉质块根，植株高度仅 20 ~ 60 厘米，茎多分枝；叶对生，1 ~ 3 回羽状分裂，裂片卵形或长圆状，叶面和叶背均无毛；头状花序顶生，总花梗上有花数朵，花形富于变化，有单、重瓣之分，常见有大红色、黄色、白色、粉红色、墨红色等色；瘦果黑褐色。

生长习性

喜阳光，不耐寒，也不耐热，忌重黏土和水涝，否则会导致块根腐烂，以疏松肥沃、排水通畅的沙质土壤为佳。

花期

7 ~ 10 月，在适宜的环境中可全年开花。

观赏价值

小丽花花美色艳，灼灼照人，花容丰满精致，可用作鲜切花。

其他用途

小丽花因其植株低矮，是理想的地被植物，形成绚烂花海，也可用来布置花境、花坛或盆栽。

单瓣小丽花

重瓣小丽花

雏菊

别名：春菊、马兰头花、延命菊

科属：菊科雏菊属

分布：全国各地

形态特征

多年生或一年生草本植物。株高达 10 厘米；叶基生，呈匙形，基部渐狭成柄，顶端圆钝，上半部分叶缘有波状齿或疏钝齿；头状花序单生；花葶有毛；总苞宽钟形或半球形；总苞片两层，呈长椭圆形，外被柔毛；舌状花一层，舌片白中带粉，向外展开，全缘或有齿，管状花多数；瘦果扁平，呈倒卵形，有边脉，被细毛，没有冠毛。

生长习性

喜冷凉的气候，喜光，忌炎热，对土壤要求不严。

花期

3 ~ 6月。

观赏价值

雏菊小巧玲珑，清新自然，色彩素净柔媚，可盆栽置于室内，也可植于庭院、花坛、花境或用作鲜切花等。因其优良的耐寒能力，雏菊还是早春地被的首选花卉。

其他用途

雏菊的药用价值很高，含有氨基酸和多种微量元素，其中黄酮类物质的含量最高，锡的含量也远远高于其他菊花，有消炎止痛和清热解毒等功效，常食有清肝明目的作用。

雏菊小巧玲珑，清新自然，常片植，极富观赏效果

头状花序单生

舌状花一层，管状花多数

波斯菊

别名：秋英、大波斯菊

科属：菊科秋英属

分布：全国大部分地区

形态特征

一年生或多年生草本植物。株高 1 ~ 2 米，茎无毛或稍被柔毛；叶二次羽状深裂，裂片线形或丝状线形；头状花序单生；花序梗长 6 ~ 18 厘米；总苞片近革质，外层呈披针形或线状披针形，长 10 ~ 15 毫米，色淡绿，有深紫色条纹，内层呈椭圆状卵形，膜质；舌状花舌片呈椭圆状倒卵形，有钝齿，颜色为白、紫红或粉红色；管状花长 6 ~ 8 毫米，上部圆柱形，有披针状裂片，黄色；瘦果无毛，有 2 ~ 3 尖刺，紫黑色。

生长习性

喜阳光，耐贫瘠，忌炎热和积水，土壤不宜过分肥沃。

花期

6 ~ 8 月。

观赏价值

波斯菊纤细柔美，简单雅致，花色丰富，适宜用来布置花境，或成片栽植，颇有趣味；重瓣波斯菊可用作鲜切花，也可植于篱边或屋前。

其他用途

波斯菊全草、花序和种子皆可入药，有明目化湿、清热解毒之效。

舌状花有钝齿，管状花上部圆柱形，黄色

波斯菊纤细柔美，简单雅致，花色丰富，常成片栽植

非洲菊

别名：扶郎花、灯盏花、波斯花、千日菊、日头花

科属：菊科大丁草属

分布：华南、华东及华中地区

形态特征

多年生草本植物。根状茎短；叶基生呈莲座状，长椭圆形至长圆形，顶端略钝或短尖，叶缘有不规则浅裂或深裂，叶面无毛，叶背有短柔毛，网脉明显；叶柄较长；花葶单生或数个丛生，无苞叶；头状花序单生于花葶顶端；总苞钟形，2 层，外层线形或钻形，内层长圆状披针形；花托扁平；外围雌花 2 层，呈长圆形，花色多；内层雌花纤细，管状二唇形；中央两性花多数，管状二唇形，裂片宽；退化雄蕊 4 ~ 5 枚，藏于花冠管内，呈线形或丝状；花药具长尖尾部；花柱短，顶端钝；瘦果圆柱形，密被白色短柔毛。

生长习性

喜光花卉，不耐寒，忌炎热，在排水好、疏松肥沃的土壤里生长良好。

花期

11 月至翌年 4 月。

观赏价值

非洲菊花姿挺拔，花大色美，娇艳夺目，是世界上重要的切花材料，亦可盆栽置于室内，或布置花坛、花境等。

其他用途

用非洲菊泡茶饮用，有清肝明目、降压降脂等功效，长期饮用，还能达到减肥的目的。

花葶单生或数个丛生，头状花序单生于花葶顶端

外层花冠舌状，内层花线形或丝状

花姿挺拔，花大色美，娇艳夺目

睡莲

别名： 子午莲、侏儒睡莲、矮睡莲

科属： 睡莲科睡莲属

分布： 全国各省区

形态特征

多年水生草本植物。根状茎短粗；叶纸质，长5～12厘米，宽3.5～9厘米，心状卵形或卵状椭圆形，基部有深弯缺，约达叶片全长的1/3，裂片急尖，稍微开展或几重合，叶正面绿色，光亮，叶背紫红色，两面均无毛，叶脉不太明显或明显；叶柄长60厘米左右；花单生，直径3～5厘米；花梗细长；花萼基部四棱形，萼片4～5枚，革质，宽披针形或窄卵形；花蕾桃形或长桃形；花瓣宽披针形、长圆形或倒卵形；雄蕊短于花瓣，花药长3～5毫米，条形；柱头有5～8条辐射线；果实卵形至半球形，不整齐开裂；种子球形或椭圆形，黑色。

生长习性

喜阳光充足、通风良好的生长环境，最适合生长在水深25～30厘米。

花期

6～8月。

观赏价值

睡莲花姿优美，清雅脱俗，多用来布置睡莲专类园。

其他用途

睡莲的花、莲子和叶均可入药，其中花有止血凉血的功效，莲子可养心益肾，叶能散淤止血、消暑利夏。而且睡莲有很强的净化作用，能吸附空气中的有毒物质。

花大而美丽，浮在或高出水面

浮水叶为圆形或卵形，基部有弯缺

睡莲花姿优美，常成片生长

荷花

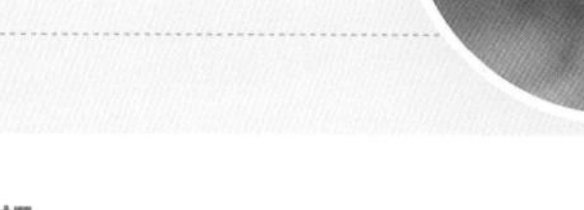

别名：莲花、水芙蓉、芙蕖、泽芝

科属：睡莲科莲属

分布：除西藏和青海外的全国大部分地区

形态特征

多年生水生草本植物。茎呈根状，横生，内有通气孔道；叶圆形盾状，直径长 25 ~ 90 厘米，叶面深绿色，覆盖蜡质白粉，叶背灰绿色，叶缘呈波状；叶柄粗壮，中空，倒生密刺；花单生，直径 10 ~ 20 厘米，大而美丽，有清香；花瓣倒卵形至矩圆状椭圆形，红色、白色或粉红色；花型多样，有单瓣、复瓣、重瓣及重台等样式；坚果呈卵形或椭圆形，果皮坚硬，成熟时黑褐色；种子长 1.2 ~ 1.7 厘米，呈卵形或椭圆形。

生长习性

荷花是水生植物，喜平静的浅水滩、湖沼、池塘等地。

花期

6 ~ 9 月。

观赏价值

荷花清丽脱俗、风姿绰约，有清香，在我国园林布景中占有重要地位，常用来作主题水景植物。荷花还可用于盆景和插花艺术，有很高的艺术观赏性。

其他用途

荷花全身是宝，莲子是高级的滋补营养品，有养心、益肾等作用。莲藕、莲花和莲蕊也是人们喜爱的药膳食品，而且莲叶可代茶饮用，有清暑利湿、减肥瘦身的效果。

花生于花梗顶端，高托出水面

叶柄粗壮，中空，倒生密刺

果实藏于莲蓬内，呈椭圆形或卵形，成熟时黑褐色

花瓣红色、粉红色或白色

水生植物，常见于湖沼、池塘和泽地

水仙

别名：凌波仙子、玉玲珑、天蒜、金盏银台、洛神香妃

科属：石蒜科水仙属

分布：全国各省区

形态特征

多年生草本植物。鳞茎卵圆形，外层被黄褐色球茎皮包裹；叶基生，粉绿色，呈宽线形，叶面有霜粉；伞状花序，有花 4 ~ 8 朵；花梗参差不齐；花白色，有香气，花被裂片 6 枚，卵圆形至阔椭圆形，开放时平展如盘；副花冠呈浅杯状；花柱细长，柱头 3 裂；蒴果胞背开裂。

生长习性

喜光，耐阴不耐寒。温暖、湿润的气候环境和疏松肥沃、深厚的沙质土壤对水仙的生长最为适宜。

花期

1 ~ 2 月。

观赏价值

水仙芬芳清新、素洁优雅，是一种常见的观赏花卉，水仙还可以置于客厅或者书房，也可用作鲜切花。

其他用途

水仙的鳞茎能入药，有散结消肿、清热解毒的功效，对腮腺炎等症有辅助治疗作用。水仙花提炼的芳香油可配制香水和香皂等高级化妆品。但要注意水仙全株有毒，忌食用。

花冠筒状，裂片 6 瓣，开放时平展如盘

副花冠浅杯状

水仙淡雅脱俗，香气馥郁

君子兰

别名：大花君子兰、大叶石蒜、剑叶石蒜

科属：石蒜科君子兰属

分布：北方地区

形态特征

多年生草本植物。根肉质纤维状，十分粗壮；叶基生，厚革质，长 30 ~ 50 厘米，宽 3 ~ 5 厘米，宽阔呈带状，顶端圆润，下部渐狭，有脉纹，且富有光泽，深绿色；花葶从叶腋中抽出；花茎约有 2 厘米宽；伞形花序顶生，有花 7 ~ 30 朵；花梗长 2.5 ~ 5 厘米；花漏斗状，鲜红色，内部略有黄色，花冠管长 5 毫米左右，花瓣 6 枚；花柱稍伸出花冠外；浆果宽卵形，紫红色。

生长习性

喜阴耐湿，忌强光直射。适宜在通风良好，土质疏松肥沃的微酸性土壤中生长。

花期

全年可开花，以春夏为主。

观赏价值：

君子兰花容丰满，娇艳动人，叶片碧绿光亮、苍翠挺拔，花叶共美，是优良的室内观赏植物。

其他用途

君子兰全株可入药，其中所含的石蒜碱、君子兰碱和硒元素可用来治疗癌症、肝硬化等病症。而且君子兰深厚宽大的叶片还能吸收空气里的尘埃，达到净化空气的作用。

花鲜红色，内面略有黄色

伞状花序顶生

文殊兰

别名：罗裙带、文兰树、水蕉、郁蕉

科属：石蒜科文殊兰属

分布：广东、广西、四川、云南及台湾等地

形态特征

多年生草本植物。鳞茎长柱形；叶暗绿色，多列密生，呈带状披针形，边缘波状；花茎直立，伞状花序顶生，有花 10 ~ 24 朵；总苞片披针形，长 6 ~ 10 厘米，有膜质，小苞片呈狭线形，长 3 ~ 7 厘米；花有芳香；花被裂片呈线形，色白，向顶端渐狭；花药顶端渐尖，呈线形；蒴果球形，种子通常只有 1 枚。

生长习性

喜欢光照充足、温暖湿润的环境，以疏松肥沃、排水性强的沙质土壤为宜。也野生于河边、低洼地及草丛等地。

花期

夏季。

观赏价值

文殊兰清新脱俗，雅丽大方，花叶共赏，既可作为园林景区、绿地、庭园和草坪的点缀，也可盆栽放在室内，满室生香。

其他用途

文殊兰的叶和鳞茎可药用，有消肿止痛、活血散淤的功效，对风热头痛、跌打损伤等症有一定的治疗效果。但若误食文殊兰则可能会引起腹泻和腹痛。

伞状花序顶生，有花 10 ~ 24 朵

花被裂片线形，白色

花丝细长，花药线形

韭兰

别名：韭莲、风雨花

科属：石蒜科葱莲属

分布：南北各地，其中贵州、云南和广西最为常见

形态特征

多年生草本植物。鳞茎卵球形，直径 2 ～ 3 厘米；基生叶扁平，常数枚簇生，叶长 15 ～ 30 厘米，宽 6 ～ 8 毫米，呈线形；花茎自叶丛中抽出，花单生茎端；总苞佛焰苞状，苞片带有淡紫红色，在下部合生成管；花梗长 2 ～ 3 厘米；花被裂片 6 枚，裂片倒卵形，顶端略尖，为玫瑰红或粉红色；雄蕊 6 枚，花药丁字形着生，花柱细长，柱头有 3 个深裂；蒴果近球形；种子黑色。

生长习性

喜光也能耐半阴，喜暖，也能耐寒，忌积水。生性强健，喜欢在地势平坦、土层深厚、疏松肥沃的沙土壤中生长。

花期

夏秋。

观赏价值

韭兰艳若桃李，花形简单大方，适合植于花坛、庭园或盆栽，亦可作为草地的镶边花卉，红花绿叶，美丽优雅，观之让人心生愉悦。

其他用途

韭兰还具有良好的净化作用，可吸附空气中的有害物质。

韭兰花美色艳，常成片栽种

花药丁字形着生，花柱细长

花被裂片 6 枚，呈倒卵形，顶端略尖

朱顶红

别名：柱顶红、孤挺花、华胄兰、红花莲

科属：石蒜科朱顶红属

分布：全国大部分省份

形态特征

多年生草本植物。鳞茎近球形；叶在花后抽出，叶 6 ~ 8 枚，长约 30 厘米，宽约 2.5 厘米，呈带形，颜色鲜绿；花茎稍扁，中空，高约 40 厘米，上有白粉；佛焰苞总苞片呈披针形；花梗纤细，花被管圆筒状，绿色，花被裂片长圆形，顶端尖，喉部有小鳞片；雄蕊 6 枚，花丝红色，花药线状长圆形；花柱柱头有 3 裂。

生长习性

喜温暖湿润的生长环境，不耐酷热，怕水涝，适宜在富含腐殖质且排水良好的沙质土壤中生长。

花期

夏季。

观赏价值

朱顶红颜色鲜艳夺目，具有极高的观赏性，可盆栽置于室内装点居室，也可植于庭院或花坛，皆有良好的观赏效果。朱顶红花朵色彩亮丽，花形近似百合，常用作鲜切花。

其他用途

朱顶红的鳞茎可入药，有散淤消肿、活血解毒的功效，常用于跌打损伤及淤血肿痛等症的治疗。

花被裂片长圆形，顶端尖

花药线状长圆形

百子莲

别名：紫君子兰、蓝花君子兰、非洲百合

科属：石蒜科百子莲属

分布：华南、西南地区

形态特征

多年生草本植物。有根状茎；叶近革质，左右排列生于根状茎上，呈线状披针形或带形，叶色浓绿；花茎直立，高可达 60 厘米；伞状花序顶生，有花 10 ~ 50 朵；花冠漏斗状，深蓝色或白色；花药初为黄色，后变成黑色；花籽数量极多。

生长习性

喜温暖湿润、阳光充足的生长环境，要求冬暖夏凉，忌积水，在疏松肥沃、排水良好的土壤上生长良好。在北方需温室越冬，温暖地区则可庭园种植。

花期

7 ~ 8 月。

观赏价值

百子莲花形秀丽、叶色浓绿，常盆栽置于室内，有良好的装饰效果，也可用作花径或岩石园的点缀植物。若用作鲜切花，则要在清晨采摘并立即插入水中，避免直接暴露在空气中。

其他用途

百子莲味辛性温，是一种活血药物，有解毒、散淤消肿的功效，可治疗痈疮肿毒。

花漏斗状

花茎直立

叶为线状披针形，近革质

石蒜

别名：龙爪花、蟑螂花

科属：石蒜科石蒜属

分布：华中、华东、华南及西南地区

形态特征

多年生草本植物。鳞茎球形，直径 1 ~ 3 厘米；叶长约 15 厘米，宽约 0.5 厘米，呈狭带状，顶端钝，颜色深绿，中间有粉绿色带；花茎直立，高 30 厘米左右；总苞片 2 枚，呈披针形；伞状花序生于茎顶，有花 4 ~ 7 朵；花被裂片呈狭倒披针形，强烈皱缩和反卷，花被筒长约 0.5 厘米，绿色；雄蕊伸出花被外，比花被长 1 倍左右。

生长习性

喜阴湿的生长环境，耐寒耐旱，对土壤要求不高，以偏酸性、疏松肥沃的腐殖质土为佳，常见于缓坡林缘、溪边及石缝中。

花期

8 ~ 9 月。

观赏价值

石蒜冬赏叶，秋赏花。花似龙爪，色若红霞，成片开放时如霞似锦，常用作林下地被植物，亦可用来布置花坛和花径。石蒜花还是优良的鲜切花材料。

其他用途

石蒜鳞茎可入药，有解毒、利尿、杀虫、祛痰等功效，主要用于治疗臃肿疮毒、毒蛇咬伤等症。

花被裂片呈狭倒披针形，强烈皱缩和反卷

花茎高约 30 厘米

雄蕊伸出花被外，比花被长 1 倍左右

晚香玉

别名： 夜来香、月下香

科属： 石蒜科晚香玉属

分布： 南北各地，其中北方比南方更为广泛

形态特征

多年生草本植物。株高可达 1 米，有块状根状茎；茎直立，不分枝；基生叶 6 ~ 9 枚，簇生，叶长 40 ~ 60 厘米，宽约 1 厘米，呈线形，顶端尖，深绿色，花茎上的叶散生，向上渐小，呈苞片状；穗状花序顶生；苞片绿色，每枚苞片内有花 2 朵；花乳白色，有浓香，花被管长 2.5 ~ 4.5 厘米，基部稍微弯曲，花被裂片呈长圆状披针形，钝头；雄蕊 6 枚，着生在花被管中；子房 3 室，花柱细长，柱头有 3 裂；蒴果卵球形，顶端有宿存花被；种子多数，稍扁。

生长习性

喜阳光充足、温暖湿润的生长环境，忌积水和干旱，适宜在肥沃的黏质土壤中生长。

花期

7 ~ 9 月。

观赏价值

晚香玉白花翠叶，幽香四溢，是重要的切花材料，也常用来布置花坛。

其他用途

晚香玉的叶、花、果可入药，有拔毒生肌、清肝明目的功效，主要用来治疗外伤糜烂、角膜炎、角膜翳以及急性结膜炎等症；晚香玉还是提取香精的原材料，具有良好的经济价值。

穗状花序顶生

花乳白色，散发出浓浓香味

百合

别名： 强瞿、山丹、倒仙、夜合花

科属： 百合科百合属

分布： 全国各地，主要产于湖南、四川、江苏、浙江、河南

形态特征

多年生草本花卉。株高 0.7 ~ 2 米，茎直立，呈草绿色，有的有紫色条纹；叶散生，自下向上渐小，呈披针形、窄披针形至条形，先端渐尖，基部渐狭，叶脉平行，两面无毛；花于茎端簇生或单生；花梗稍弯，长 3 ~ 10 厘米；花色丰富，品种多样，有香气，花瓣向外张开或微弯；花药长椭圆形；柱头有 3 裂；蒴果长椭圆形，种子数量多。

生长习性

喜湿耐寒，忌水涝。对土壤要求不严，适宜栽种在土层深厚、疏松肥沃的沙质土壤中。

花期

6 ~ 7 月。

观赏价值

百合花纯洁高雅，花枝秀美，叶片青翠。是一种特殊性花材，常作为焦点花和骨架花，同时也是一种名贵的切花材料。而且百合香气馥郁，放于室内，能安心宁神，让人神清气爽。

其他用途

百合是一种常用中药材，有润肺止咳、宁心安神、防癌抗癌、美容养颜等多种功效。百合亦是良好的保健食品，可做成百合粥、百合汤、百合茶等。

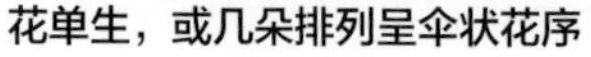

花单生，或几朵排列呈伞状花序

花梗稍弯

花丝细长，花药呈长椭圆形

花瓣向外张开或微弯，有香气

百合花姿雅致，是理想的切花材料

郁金香

别名：洋荷花、草麝香、荷兰花

科属：百合科郁金香属

分布：西北、华东、华中地区

形态特征

多年生草本植物。鳞茎呈扁圆锥形或卵形，外层皮纸质；叶 3 ~ 5 枚，呈披针形或卵状披针形；花茎长 6 ~ 10 厘米；花单生，大而艳，呈杯形、卵形、钟形或百合花形等；花被长 5 ~ 7 厘米，宽 2 ~ 4 厘米，花色绚烂；花柱柱头呈鸡冠状；蒴果三室，种子扁平，数量多。

生长习性

喜光怕热，属于长日照花卉，适宜种植在疏松肥沃的微酸性沙质土壤中。

花期

3 ~ 5月。

观赏价值

郁金香是享誉世界的观赏花卉，花容端庄沉静，花色绚烂艳丽，成片开放，鲜艳夺目，异彩纷呈。高茎郁金香可用作鲜切花，也可成片植于草坪边缘。矮茎品种宜盆栽。

其他用途

郁金香可药用，对胸脘满闷、口臭苔腻等症状有一定的辅助治疗作用。同时，郁金香的叶子还可吸收空气中的二氧化硫等多种有害气体，能有效净化空气。

花被裂片呈狭倒披针形，强烈皱缩和反卷

花茎高约 30 厘米

叶为披针形或卵状披针形

铃兰

别名： 君影草、糜子菜、芦藜花、铃铛花等

科属： 百合科铃兰属

分布： 东北、华北、华中等地

形态特征

多年生草本植物。株高 18 ~ 30 厘米，全株无毛；叶长 7 ~ 20 厘米，宽 3 ~ 8.5 厘米，呈椭圆形或卵状披针形；叶柄长 8 ~ 20 厘米；花葶稍微外弯，呈披针形；花梗长 6 ~ 15 厘米，顶端有关节；花白色；花丝比花药稍短；花柱柱状，长 2.5 ~ 3 毫米；浆果熟后呈红色，下垂；种子扁圆，表面有细网状纹路。

生长习性

喜半阴、湿润的生长环境，耐严寒，畏燥热，宜在富含腐殖质的沙壤土中生长。

花期

5 ~ 6 月。

观赏价值

铃兰体态小巧玲珑，花朵清丽幽雅且芳香宜人，是十分理想的花坛、花境及盆栽用花，也可广泛植于草坪，或作地被植物。

其他用途

铃兰可全草入药，有强心、利尿之效，可用于充血性心力衰竭等症状的治疗。铃兰放于室内，不仅可以净化空气，还能抑制结核菌、葡萄球菌的生长繁殖，并且其香气亦有助于睡眠。

花白色，花形似小铃铛

叶呈椭圆形或卵状披针形

大花萱草

别名：大苞萱草

科属：百合科萱草属

分布：黑龙江、吉林、辽宁

形态特征

多年生草本植物。有肉质根和须根，其中肉质根纺锤状，须根多着生在肉质根上，有短根状茎；叶基生呈带状排列，长30～45厘米，宽2～2.5厘米，颜色翠绿；花茎高出叶片，有分枝，常有2～4朵花聚生于顶端，花梗短，苞片大，呈三角状；花冠漏斗状或钟状，裂6片，裂片外弯；蒴果椭圆形，有三钝棱。

生长习性

耐寒，又能耐半阴，对土壤要求不高，但以疏松肥沃的土壤为佳。常生于海拔较低的湿地、草地、林下等地。

花期

6～10月。

观赏价值

大花萱草形似百合，颜色艳丽，开放时千姿百态，绚烂至极，因为其有良好的耐碱能力，适应性极好，是不可多得的绿化花卉，可用来布置花坛或装点疏林草坡。

其他用途

大花萱草可入药，有清热消炎、明目安神等功效，对失眠、吐血、乳汁不下等症有一定的疗效，也可作为病后和产后的补养品。

花瓣外弯，花被裂6片

叶基生，带状

大花萱草颜色艳丽，开放时绚烂至极

大花葱

别名： 吉安花、巨葱、高葱、硕葱

科属： 百合科葱属

分布： 北部地区

形态特征

多年生草本植物。鳞茎有膜质白色外皮；茎直立；叶基生，长达 60 厘米，呈宽带形，颜色灰绿色；花葶从叶丛中抽出；伞状花序呈大圆球形，花序直径约 15 厘米，有花 2000 ~ 3000 朵；小花紫色，呈星状展开，花球会随着花的开放而逐渐增大。

生长习性

喜阳光充足、凉爽的生长环境，适宜温度为 15 ~ 25 摄氏度，忌湿热多雨和连作，要求土壤疏松肥沃、排水良好。适宜在北部地区栽种。

花期

5 ~ 6 月。

观赏价值

大花葱花形硕大如球，开放时花团锦簇，色彩明丽，小花宛如繁星，逐渐开放，十分美丽，是修饰花径、花坛、草坪的优良品种花卉，也可用来点缀岩石园。

其他用途

大花葱是赠人佳品，因“葱”与“聪”谐音，寓意聪明智慧，可将其送给小朋友，有祝其越来越聪明之意。

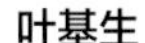

叶基生

茎直立

伞状花序呈大球形，花朵数量极多

葡萄风信子

别名： 蓝瓶花、蓝壶花、葡萄麝香兰、蓝瓶

科属： 百合科风信子属

分布： 河北、江苏、四川等地

形态特征

多年生草本植物。株高 15 ~ 30 厘米；叶基生，稍肉质，呈线形，长约 20 厘米，暗绿色；花茎圆筒形，从叶丛中抽出，长达 15 厘米，上面密生许多串铃状的小花，花朵密生且下垂；花序穗状；花冠呈小团状且顶端紧缩，其中蓝色或顶端有白色的最为常见，也有其他品种和其他颜色。

生长习性

喜光亦能耐半阴，喜温暖凉爽的生长环境，能耐寒，要求土壤疏松肥沃、排水良好。

花期

3 ~ 5月。

观赏价值

葡萄风信子花序端正、花形玲珑如风铃，色彩绚丽，是早春开花的著名花卉之一。因其植株低矮整齐，可作为地被植物成片密植，也可与其他花卉搭配形成整体的自然景观。因其花开时间长，亦可用作鲜切花。

其他用途

葡萄风信子成片地植时能有效防止水土流失，是良好的地被绿化、美化花卉之一。

株高 15 ~ 30 厘米

穗状花序

花朵密生且下垂

秋水仙

别名：无

科属：百合科秋水仙属

分布：国内多数地区

形态特征

多年生草本球根花卉。球茎卵形，有黑褐色外皮；茎短，大部分埋于地下；叶长约 30 厘米，呈披针形；每葶有花 1 ~ 4 朵，花蕾纺锤形，花冠漏斗状，直径 7 ~ 8 厘米，淡粉红色或紫红色；雄蕊短于雌蕊，花药黄色；蒴果；种子褐色，多数，呈不规则球形。

生长习性

夏季要求干燥凉爽，冬季要求温暖湿润，喜欢排水良好、疏松肥沃的沙质土壤。

花期

8 ~ 10 月。

观赏价值

秋水仙清新可人，花色淡雅，傍地而生，端庄秀丽，适宜种植在高山园和岩石园内，或者用来布置花境或点缀草坪，现已有水培品种。

其他用途

秋水仙鳞茎中含有的秋水仙碱在临床上应用广泛，对胃癌、肺癌、皮肤癌和慢性粒细胞白血病等有明显的治疗效果。此外，秋水仙碱还能缓解急性发作的痛风，但秋水仙碱使用不当会出现腹泻、恶心、剧烈腹痛和呕吐等反应，严重者甚至会因为呼吸中枢麻痹而死亡。

傍地而生，茎大部分埋于地下

花蕾纺锤形

萱草

别名：黄花菜、金针菜、鹿葱、川草花、丹棘

科属：百合科萱草属

分布：全国各地

形态特征

多年生草本植物。根状茎粗短；叶基生成丛，叶长 30 ~ 60 厘米，宽约 2.5 厘米，呈条状披针形，叶背有白粉；花葶高达 1 米以上；圆锥花序顶生，有花 6 ~ 12 朵；花梗有披针形苞片，长约 1 厘米；花被基部漏斗状，裂片 6 枚，裂片向外开展并反卷，外轮裂片比内轮裂片窄，边缘波状；雄蕊 6 枚，花丝着生在花被喉部，花柱细长；蒴果三角形。

生长习性

喜湿润，耐寒耐旱，喜光也能耐半阴，生性强健，对土壤要求不高，但以疏松肥沃的湿润土壤为佳。

花期

5 ~ 7 月。

观赏价值

萱草形似百合，花色艳丽，绿叶成丛，鲜艳青翠，极是美观。可丛植，亦可栽种在路旁或布置花境。

其他用途

萱草可食用，是一种营养价值高、口味独特的食材，但因其含有秋水仙碱，生食会造成胃肠道中毒，因此需要加工晒干，烹煮时要彻底加热，且不宜过量食用。萱草亦可入药，有凉血止血、清热利尿的作用，可用于尿血、月经不调、黄疸、膀胱炎等症的治疗。

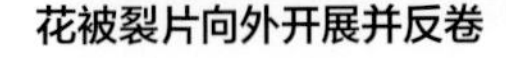

花被裂片向外开展并反卷

外轮裂片比内轮裂片窄

雄蕊 6 枚，花柱细长

玉簪

别名：玉春棒、白鹤花、玉簪花、白玉簪

科属：百合科玉簪属

分布：四川、湖北、湖南、安徽、江苏、浙江、广东和福建等地

形态特征

多年生草本植物。根状茎粗壮；叶长 14 ~ 24 厘米，宽 8 ~ 16 厘米，卵状心形、卵形或卵圆形，先端尖，基部心形，叶上有侧脉 6 ~ 10 对；叶柄长 20 ~ 40 厘米；花葶高 40 ~ 80 厘米，上有花几朵至十几朵不等；外苞片长 2.5 ~ 7 厘米，宽 1 ~ 1.5 厘米，呈卵形或披针形；内苞片小；花单生或数朵簇生，白色，有芳香；花梗长 1 厘米左右；雄蕊比花被短或等长，基部贴生在花被管上；蒴果圆柱状，有三棱。

生长习性

典型的阴性植物，极耐寒，不喜强光，喜欢湿润肥沃的沙壤土。

花期

7 ~ 9 月。

观赏价值

玉簪形似簪，色如玉，香宜人，冰肌雪魄、雅致动人，多植于林下草地、庭园，也可成丛栽种或盆栽置于廊下。

其他用途

玉簪全草可入药，花有清咽、通经、利尿之效，也可当作蔬菜或甜菜食用；根和叶外用可治疗中耳炎、溃疡、乳腺炎等，但有小毒。

花葶上有花数朵至十几朵不等

叶先端尖，基部心形

形似簪，色如玉，高雅纯洁

鸡冠花

别名：鸡髻花、老来红、凤尾鸡冠

科属：苋科青葙属

分布：南北各地区

形态特征

一年生直立草本植物。株高30 ~ 80厘米，茎粗壮，无毛；单叶互生，呈卵形、披针形或卵状披针形，长5 ~ 13厘米，宽2 ~ 6厘米；花密生，呈卷冠状、羽毛状或肉质鸡冠状的穗状花序；花被有红、紫、黄、橙和红黄相间等多种颜色；果实卵形，宿存于花被内；种子黑色有光泽。

生长习性

喜光热充足的生长环境，不耐霜冻。对土壤要求不严，更适宜在土壤疏松肥沃的沙质土壤中生长。

花期

7 ~ 10月。

观赏价值

鸡冠花色红如火，花型奇特，常用来装点秋季的花坛，是一种常见的观赏花卉。高茎鸡冠花广泛应用于花境和花坛的布置，也可用作切花和干花。

其他用途

鸡冠花味甘性凉，有凉血止血之效、对痔漏下血、赤白下痢、赤白带下等症有辅助治疗作用。而且鸡冠花还能有效对抗空气中的氯化氢和二氧化硫，从而净化空气。

花多密生，形似鸡冠

全株无毛，茎粗壮

花被片颜色艳丽

千日红

别名：火球花、百日红

科属：苋科千日红属

分布：长江以南各地区

形态特征

一年生直立草本植物。茎粗壮，有分枝，被灰色糙毛；叶纸质，呈长椭圆形或矩圆状倒卵形，顶端急尖或圆钝，基部渐狭，叶缘波状；叶柄长 1 ~ 1.5 厘米；球形或矩圆形头状花序顶生，花多密生，以紫红色较为常见；总苞片由 2 对绿色对生叶状苞片组成，苞片卵形，白色，顶端紫红色；小苞片紫红色，呈三角状披针形；花被片披针形，不开展，顶端渐尖，外面密生白色绵毛；雄蕊与花丝连合成管状，顶端有 5 浅裂，花药微伸出；花柱条形，呈叉状分枝；胞果近球形；种子肾形。

生长习性

喜光耐旱，不耐寒，忌积水，生性强健，耐修剪。在疏松肥沃的土壤中生长良好。

花期

6 ~ 9 月。

观赏价值

千日红花期长，色鲜艳，且花后不落仍能保持鲜艳的色泽，是布置花坛、花境的优良花卉。除此之外，千日红还可用于花篮和花圈的装饰。

其他用途

花序可入药，有平肝明目、止咳祛痰的功效，主治肺结核咯血、支气管炎及支气管哮喘等症。

球形或矩圆形头状花序顶生

茎粗壮，高 20 ~ 60 厘米

风信子

别名：洋水仙、西洋水仙、时样锦

科属：风信子科风信子属

分布：全国各地

形态特征

多年生球根类草本植物。鳞茎球形或扁球形，外有紫蓝色或白色皮膜；叶4～9枚，基生，肉质肥厚，呈披针形，颜色翠绿而富有光泽；花葶中空，长15～45厘米；总状花序顶生，小花密布呈横向排列；花冠漏斗状，基部花筒较长，花冠裂片向外反卷，花色丰富，有香味；蒴果为黄褐色。

生长习性

喜光耐寒，适宜在湿润凉爽的环境中生长，要求土壤疏松肥沃，可地植、盆栽，亦可水养。

花期

3～4月。

观赏价值

风信子花序端庄、亭亭玉立，姿态美丽大方，是早春的重要花卉之一，而且香味浓郁，是一种难得的既美丽又具芳香的观赏花卉。可盆栽、水养或用作切花，也常用来装点庭院和花坛。

其他用途

风信子可提取芳香精油，有放松身心、舒缓情绪的作用；放于室内，亦能净化空气。但切忌食用，否则会出现头晕和胃痉挛等中毒症状。

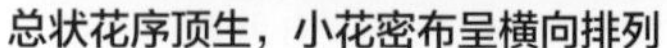

总状花序顶生，小花密布呈横向排列

花瓣4片，向外翻卷

紫罗兰

别名：草桂花、四桃克、草紫罗兰

科属：十字花科紫罗兰属

分布：南北各地区

形态特征

二年生或多年生草本植物。株高达 60 厘米，密布灰白色的分枝柔毛；茎直立，基部轻微木质化；叶片呈长圆形、倒披针形或匙形，叶长 6 ~ 14 厘米，宽 1.2 ~ 2.5 厘米，叶缘微波状；总状花序腋生或顶生，花朵数量多，花型大；花梗长 1.5 毫米左右，粗壮；萼片长椭圆形，直立；花瓣近卵形，淡红色、紫红色或白色，边缘有波状；种子扁平，近似圆形，深褐色。

生长习性

喜凉忌热，对土壤要求不严，但更适宜在中性偏碱、排水性良好的土壤中生长。

花期

4 ~ 5 月。

观赏价值

紫罗兰朴实无华、清幽淡雅，香气浓郁，是极为理想的盆栽观赏花卉，可用来布置花坛、花径和台阶，也可用作切花或制作花束。

其他用途

紫罗兰有美白祛斑、滋润皮肤、消皱祛斑之效，可用来制作面膜。此外紫罗兰还能清热解毒、清除口腔异味的功效，对支气管炎也有一定的调理作用。

总状花序腋生或顶生，花朵数量多

花瓣近卵形，边缘有波状

香雪球

别名：庭芥、玉蝶球、小白花

科属：十字花科香雪球属

分布：河北、山西、陕西、江苏、浙江、新疆等地

形态特征

多年生草本植物。株高 10 ~ 40 厘米，上有“丁”字银灰色毛，基部木质化；茎从基部向上分枝；叶长 1.5 ~ 5 厘米，宽 1.5 ~ 5 毫米，呈条形或披针形，两端渐狭；伞房状花序顶生；花梗长 2 ~ 6 毫米，呈丝状；外轮萼片长圆卵形，内轮萼片窄椭圆形或窄卵状长圆形，外轮萼片比内轮萼片宽；花瓣长圆形，顶端钝圆，基部有爪，白色或淡紫色；短角果椭圆形，无毛或上部有稀疏的“丁”字毛；种子长圆形，淡红褐色，遇水吐胶。

生长习性

喜冷凉气候，要求阳光充足，但忌炎热，较耐旱和贫瘠，要求土壤疏松。

花期

温室栽培 3 ~ 4 月，露地栽培 6 ~ 7 月。

观赏价值

香雪球花开时一片绚烂，并有阵阵清香，是园林造景的优良花卉，既可作地被植物，亦可盆栽观赏。

其他用途

香雪球是布置岩石园的理想花卉，也常用作花坛、花镜和花径的镶边材料。

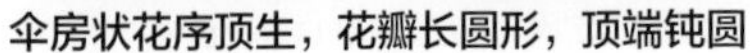

伞房状花序顶生，花瓣长圆形，顶端钝圆

香雪球植株矮而多分枝

诸葛菜

别名：二月兰、菜子花、紫金草

科属：十字花科诸葛菜属

分布：东北、华北、华东地区

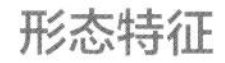

形态特征

一年生或二年生草本植物。株高 10 ~ 50 厘米，茎直立，浅绿色或带紫色，基部或上部稍有分枝；基生叶和下部茎生叶大头羽状全裂，顶端裂片短卵形或近圆形，侧裂片 2 ~ 6 对，卵形或三角状卵形，叶柄上有细柔毛；上部叶呈长圆形或窄卵形，顶端急尖，基部耳状，叶缘有不齐整齿；花紫色、浅红色或褪至白色；花梗长 5 ~ 10 毫米；花萼紫色，筒状；花瓣宽倒卵形，基部有爪，密生细脉纹；长角果线形，有 4 棱；种子卵形至长圆形，黑棕色，稍扁平，有纵条纹。

生长习性

喜阳光充足、湿润的生长环境，耐寒，耐阴湿，对土壤要求不高，适应性强。

花期

4 ~ 5月。

观赏价值

诸葛菜的花悦目柔美，花开成片，且花期长，是理想的地被植物，有良好的覆盖效果。

其他用途

诸葛菜的嫩叶和茎可食用，营养丰富；种子的含油率极高，特别是对人体极为有利的亚油酸的含量较高。

株高 10 ~ 50 厘米，基部或上部稍有分枝

花瓣宽倒卵形，基部有爪

花开成片，是理想的地被植物

康乃馨

别名： 麝香石竹、大花石竹、荷兰石竹、狮头石竹

科属： 石竹科石竹属

分布： 福建、湖北等地

形态特征

多年生草本植物。株高 40 ~ 70 厘米，无毛，粉绿色。茎直立丛生；叶片呈线状披针形，长 4 ~ 14 厘米，宽 2 ~ 4 厘米，中脉明显，叶面凸凹不平；花常单生于茎顶，也有 2 朵或 3 朵并生现象，花有香气，色白、粉红或紫红；花瓣倒卵形，顶端呈细密齿状；花萼呈圆筒形，萼齿披针形；花梗比花萼短；蒴果宿存于萼内，呈卵球形。

生长习性

喜光，属于中日照植物，不耐炎热，适宜在通气保肥、排水性良好的土壤里生长。

花期

5 ~ 8 月。

观赏价值

康乃馨体态玲珑可爱，雅洁精致，花姿柔美，香气清幽，是优异的切花品种，可瓶插，也可温室培养，四季共赏。

其他用途

康乃馨有清热、破血、通经的功效，对牙疼、头痛有明显的治疗效果。康乃馨所含的各种微量元素，还能促进人体新陈代谢，加速血液循环。亦可做茶饮，搭配玫瑰花或勿忘我，美容养颜效果更甚。

花瓣倒卵形，顶端呈细密齿状

叶片呈线状披针形

满天星

别名：丝石柱、霞草、锥花丝石柱、锥花霞草

科属：石竹科丝石竹属

分布：新疆地区

形态特征

多年生草本植物。株高 30 ~ 80 厘米，茎单生直立，多分枝；叶片线状披针形或披针形；圆锥聚伞状花序，分枝疏散，花小而多；花梗纤细无毛，长 2 ~ 6 毫米；苞片急尖，呈三角形；花萼长 1.5 ~ 2 厘米，呈宽钟形，有紫色宽脉；花瓣匙形，白色或淡红色，顶端圆钝或平截；花丝与花瓣等长，呈扁线形；子房卵球形，花柱细长；蒴果宿存于萼；种子小而圆，红褐色。

生长习性

耐寒，忌涝，常生于海拔 1100 ~ 1500 米高的草地、河滩及农田中。

花期

6 ~ 8 月。

观赏价值

满天星洁白秀致，婉约素雅，温柔玲珑，作为世界十大切花之一，满天星是绝好的“百搭”花卉，既不夺人风采，亦有自己的风格。满天星也可植于花坛、路边或盆栽，有惊人的观赏效果。

其他用途

满天星根、茎可药用，性平味苦，有清热利尿、止咳化痰的功效，可用于急性肾炎、尿路结石、结膜炎及丹毒等症的治疗。`

圆锥聚伞状花序，花小而多

洁白秀致，是世界十大切花之一

五彩石竹

别名：须苞石竹、十样锦、美国石竹

科属：石竹科石竹属

分布：东北、华北及长江流域

形态特征

多年生草本植物。株高 30 ~ 60 厘米，全株无毛；茎有棱，直立；叶长 4 ~ 8 厘米，宽约 1 厘米，叶片披针形，顶端急尖，基部渐狭合成鞘，中脉明显；花集成头状花序顶生；花梗极短；苞片 4 枚，呈卵形，顶端尾状尖，边缘有细齿，比花萼稍长或等长；花萼筒状，裂齿锐尖；花瓣卵形，有长爪，顶端有齿裂，喉部有髯毛；雄蕊外露；花柱线形；蒴果卵状长圆形，顶端有 4 裂，裂至中部；种子扁圆形，平滑，褐色。

生长习性

耐寒，不耐酷暑，喜干燥、光照充足、通风的生长环境，要求土壤排水性良好。

花期

5 ~ 10 月。

观赏价值

五彩石竹的茎似竹苍秀挺拔，花开时，繁茂似锦，花色丰富多样，变幻万端，赏心悦目。可用来布置花坛、花境或点缀草坪，也可片植作为地被植物或盆栽欣赏。

其他用途

可入药，其中含有皂苷、维生素及糖类等多种营养物质，有清热、消炎、利尿、通络的功效。

花色丰富多样，变幻万端

花密集成头状花序顶生

花瓣卵形，有长爪，顶端有齿裂，喉部有髯毛

雄蕊外露，花柱线形

可用来布置花坛、花境或点缀草坪，观赏效果好

矮雪轮

别名：大蔓樱草、小町草

科属：石竹科蝇子草属

分布：全国大部分地区

形态特征

一年生或两年生草本植物。全株有柔毛和腺毛；茎俯仰，多分枝；叶长 3 ~ 5 厘米，宽 5 ~ 15 毫米，呈卵状披针形或椭圆状倒披针形，基部渐狭，两面均有伏毛；单歧式聚伞花序顶生；花梗直立，长 5 ~ 15 毫米；苞片草质，呈披针形；花萼倒卵形，被短柔毛，萼齿短；花瓣轮廓倒心形，爪狭楔形，颜色淡红色至白色；副花冠片呈长圆形，顶端钝；雄蕊外露；花柱外露明显；蒴果卵状锥形；种子长约 1 毫米，呈圆肾形。

生长习性

喜光耐寒，适宜在湿润疏松、富含腐殖质的土壤中生长。

花期

5 ~ 6 月。

观赏价值

矮雪轮花开繁茂，秀丽精致，十分美丽，有良好的观赏价值，能有效缓解生活带来的疲惫和压力。

其他用途

矮雪轮具有极高的园林价值，可布置花坛或花境，其丰富的色彩，能打造一个五颜六色、极富特色的花卉景观。

矮雪轮花开繁茂，秀丽精致

花瓣轮廓倒心形，爪狭楔形

全株有柔毛和腺毛

剪秋萝

别名：大花剪秋萝

科属：石竹科剪秋萝属

分布：黑龙江、辽宁、吉林、内蒙古、河北、山西、四川及云南等省份

形态特征

多年生草本植物。株高 50 ~ 80 厘米，全株被柔毛；根纺锤形，稍肉质；茎直立，上部分枝或不分枝；叶长 4 ~ 10 厘米，宽 2 ~ 4 厘米，卵状长圆形或卵状披针形，顶端渐尖，基部圆形，两面和边缘均有粗毛；二歧聚伞花序紧缩呈伞房状，花直径 3.5 ~ 5 厘米；花梗长 3 ~ 12 毫米；苞片草质，卵状披针形，密被长柔毛；花萼筒状棒形，后期上部稍微膨大，萼齿三角状，顶端急尖；花瓣深红色，瓣片轮廓倒卵形，有裂达瓣片 1/2 处的深裂，裂片椭圆状条形；副花冠片长椭圆形，呈流苏状，暗红色；雄蕊稍微外露，花丝无毛；蒴果长椭圆状卵形；种子肥厚，呈肾形，黑褐色，有乳凸。

生长习性

喜光耐寒，稍耐阴，常生于灌丛、林缘草地及草甸。

花期

6 ~ 7月。

观赏价值

剪秋萝花形独特，初开为淡白色，后变成红色，娇丽红艳，多用于花坛、花境的布置，也适合盆栽或用作鲜切花。

其他用途

剪秋萝全株可入药，有清热止痛、止泻的功效。

株高 50 ~ 80 厘米，茎直立

瓣片轮廓倒卵形，有深裂

桔梗

别名：包袱花、铃铛花、僧帽花

科属：桔梗科桔梗属

分布：东北、华北、华东、华中各地

形态特征

多年生草本植物。茎体无毛，高 20 ~ 120 厘米，不分枝；叶轮生，叶片呈卵形、披针形或卵状椭圆形，长 2 ~ 7 厘米，宽 0.5 ~ 3.5 厘米，叶缘锯齿状，叶面绿色，叶背有白粉；花单生茎顶，也常数朵集成假总状花序或圆锥花序；花萼呈钟状，裂片 5 枚；花冠大，蓝色、紫色或白色；蒴果球状或倒卵状。

生长习性

喜光耐寒，适宜栽培在丘陵地带及半阴半阳的沙质土壤中。

花期

7 ~ 9 月。

观赏价值

桔梗花为蓝色，形如悬钟，是一种优美的切花用材，常用来制作花篮、花束，也广泛应用于插花艺术中，或地植在花坛中。

其他用途

桔梗可鲜食，也可腌制食用。桔梗花亦可药用，有利咽、祛痰、排脓的功效，可用于咳嗽痰多、肺痈吐脓、胸闷不畅、咽痛音哑等症的治疗。而其药食两用的特性使桔梗花的经济价值日益凸显，发展前景广阔。

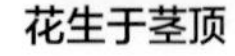

花生于茎顶

花被裂 4 片，花冠大

叶卵形、披针形或卵状椭圆形

六倍利

别名： 翠蝶花、山梗菜、半边莲、南非半边莲

科属： 桔梗科半边莲属

分布： 江苏、安徽、浙江、江西、福建、台湾、湖北、广东、四川等地

形态特征

多年生草本植物。株高 12 ~ 20 厘米；半蔓性，铺散在地面，茎枝细密；叶对生，茎上部的叶较小，呈披针形，近基部的叶稍大，呈匙形，有圆齿，先端钝；总状花序顶生或腋生，小花有长柄；花冠先端 5 裂，下面 3 枚裂片较大，形似飞蝶展翅，颜色有白、红、紫、桃红、紫蓝等色。

生长习性

喜光，不耐高温，耐寒力也不强，在长日照和低温环境下才会开花。适宜在富含腐殖质的土壤中生长。

花期

7 ~ 9 月。

观赏价值

六倍利开花时整株会膨胀成圆形，花朵几乎占满整个植株，形成一个美丽的花球，异常漂亮，适合盆栽或用来庭园造景，也可制作成吊盆。

其他用途

六倍利全草可入药，有消炎、消肿、解毒的功效，多用于毒蛇咬伤、扁桃体炎、足癣、湿热黄疸等症的治疗。而且对人类的一切肿毒皆有疗效，在治疗时可在新鲜的六倍利中加入少量食盐，将其捣碎，然后直接敷在有肿毒的地方，连用一周左右便可痊愈。

株高 12 ~ 20 厘米，茎枝细密

花冠先端 5 裂，下面 3 枚裂片较大

花朵几乎能占满整个植株

马蹄莲

别名： 慈姑花、水芋、海芋百合

科属： 天南星科马蹄莲属

分布： 北京、福建、四川、云南、台湾及秦岭地区

形态特征

多年生草本植物。叶基生，叶片较厚，呈箭形或心状箭形，无斑块，绿色，长 15 ~ 45 厘米，宽 10 ~ 25 厘米；花序光滑，柄长 40 ~ 50 厘米；佛焰苞黄色，长 10 ~ 25 厘米；花檐部略后卷，呈锥状尖头，亮白色，有时带绿色；肉穗花序圆柱形，长 6 ~ 9 厘米，粗 4 ~ 7 厘米，黄色，雄花序长于雌花序；浆果淡黄色，呈卵圆形；种子倒卵球形。

生长习性

喜温暖湿润、阳光充足的生长环境。喜水，在土壤肥沃、保水性能好的黏质土壤中生长最好。

花期

2 ~ 3 月。

观赏价值

马蹄莲花形素雅高洁，花苞洁白莹润，宛如马蹄，宽大的翠绿叶片上缀以白斑，花叶相衬，相得益彰。常用于花篮、花束、花环和插花艺术的创作，效果惊艳，也可盆栽摆放在窗台、阳台或台阶上。

其他用途

马蹄莲可药用，有清热解毒之效。新鲜的马蹄莲块茎可以外敷来治疗烫伤，但要注意马蹄莲有毒，误食会引起中毒症状。

檐部略后卷，颜色亮白，有时带有绿色

叶片颜色亮绿，有很好的观赏价值

肉穗花序黄色，圆柱形

红掌

别名：花烛、安祖花、火鹤花、红鹅掌

科属：天南星科花烛属

分布：全国各地

形态特征

多年生常绿草本植物。株高 50 ~ 80 厘米；叶根生，呈心形，厚实坚韧，有长柄，色鲜绿，叶脉凹陷；花腋生，佛焰苞蜡质，呈正圆形至卵圆形，白色、鲜红色或橙红色；肉穗花序直立，黄色，呈圆柱状。

生长习性

喜温暖潮湿、排水良好的半阴环境，忌干旱和强光暴晒，适宜生长昼温为 26 ~ 32 摄氏度，夜温为 21 ~ 32 摄氏度。常附生在树或岩石上，或直接生长在地上。

花期

四季开花，花期长可达一个月。

观赏价值

红掌花形独特，色泽鲜亮欲滴，花叶俱美，将红、绿、黄 3 种色彩集于一身，丰富却不单调。花期长，既可切花水养，也可盆栽，随意搭配，皆具风格。

其他用途

红掌造型奇特，应用范围广，是一种很独特的热带切花，在全球范围内皆有应用，目前红掌的发展速度很快，供不应求，是一种具有高经济效益的花卉，前景广阔。

佛焰苞蜡质，正圆形至圆卵形，颜色丰富

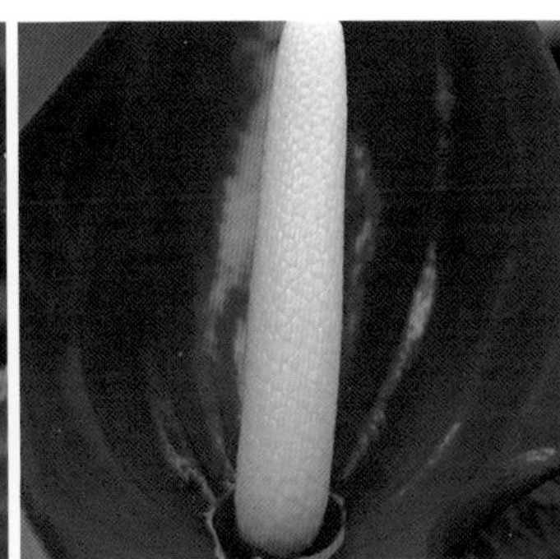

肉穗花序圆柱状，直立

常绿草本花卉，四季开花

鸢尾

别名：紫蝴蝶、蓝蝴蝶、扁竹花、乌鸢

科属：鸢尾科鸢尾属

分布：主要在中原、西南及华东一带

形态特征

多年生草本植物。根状茎粗壮斜伸，浅黄色；株高 30 ~ 50 厘米；叶基生，长 15 ~ 50 厘米，宽 1.5 ~ 3.5 厘米，呈尖状剑形，黄绿色；花茎光滑；总状花序顶生，有花序 1 ~ 2 枝，花 2 ~ 3 朵；花梗短；花被上端膨大，外花被裂片呈圆形或宽卵形，花形如蝶，盛开时向外平展；蒴果呈倒卵形或长椭圆形，成熟时裂三瓣；种子梨形，黑褐色。

生长习性

耐寒性强，常生于林缘、向阳坡地及水边湿地等处。在富含腐殖质、排水良好的微碱性土壤中生长良好。

花期

4 ~ 6 月。

观赏价值

鸢尾花大而独特，花色丰富，常被植于庭园、花坛作为装点，有的品种也可用作切花，是良好的鲜切花材料。

其他用途

鸢尾性寒，有祛风利湿、活血祛淤之效，可用于风湿疼痛、食积腹胀、疟疾等症的治疗。鸢尾有淡香，亦可用来制作香水。而且鸢尾对氟化物比较敏感，可用来监测环境污染状况。

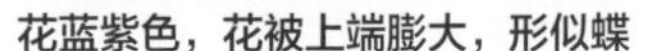

花蓝紫色，花被上端膨大，形似蝶

花茎光滑

花开时向外平展

花柱淡蓝色，扁平，顶端裂片近四方形

叶黄绿色，呈宽剑形，有纵脉

唐菖蒲

别名：荸荠莲、十样锦、剑兰、菖兰

科属：鸢尾科唐菖蒲属

分布：全国各地，主要集中在广东、吉林、江苏等地

形态特征

多年生草本植物。叶基生或互生，长 40 ~ 60 厘米，宽 2 ~ 4 厘米，呈剑形，叶色灰绿；花茎直立不分枝，高 50 ~ 80 厘米；穗状花序顶生，长 25 ~ 35 厘米，花下有苞片，苞片宽披针形或卵形，花单生于苞内，两侧对称，有红、白、黄或粉红等色；花被基部弯曲，裂片 6 枚，内外轮的花被都呈椭圆形或卵圆形；花柱被短绒毛，顶端 3 裂，柱头扁宽膨大；蒴果倒卵形或椭圆形，熟时背部开裂；种子扁，有翅。

生长习性

喜光，是典型长日照植物。适宜种植在肥沃的沙质土壤中。

花期

7 ~ 9 月。

观赏价值

唐菖蒲品种丰富，色彩绚烂，是“世界四大切花”之一，除用作切花之外，它还可制作成花篮、花束，或用来布置花境和花坛。

其他用途

唐菖蒲入药，有消肿止痛、散淤解毒之效，对喉咙肿痛和跌打损伤有一定的治疗效果，外用可治疗疮毒、淋巴结炎。唐菖蒲对氟化氢很敏感，也可用作监测氟化氢的“监测器”。

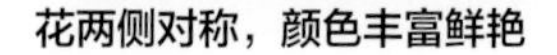

花两侧对称，颜色丰富鲜艳

茎直立不分枝

射干

别名： 乌扇、乌蒲、黄远、夜干、草姜、凤翼

科属： 鸢尾科射干属

分布： 全国各地

形态特征

多年生草本植物。根状茎斜伸，为黄色或黄褐色；茎实心，高 1 ~ 1.5 厘米；叶互生，呈嵌迭状排列，长 20 ~ 60 厘米，宽 2 ~ 4 厘米，剑形，顶端渐尖，基部有鞘抱茎，无中脉；花序顶生，有叉状分枝，分枝上有数朵花聚生；花梗细；苞片为卵圆形或披针形；花被裂片 6 枚，外轮裂片呈倒卵形或长椭圆形，顶端微凹或圆钝，内轮花被比外轮花被略短，花瓣为橙红色，上面散生有紫褐色斑点；雄蕊 3 枚，着生在外花被裂片的基部，花药为条形，花丝近圆柱形，基部宽而扁；花柱顶端有 3 裂，裂片边缘稍外卷；蒴果为倒卵形或长椭圆形，成熟时背部开裂，果瓣外翻；种子为圆球形，有光泽，黑紫色，直径约为 6 毫米，着生在果轴上。

生长习性

喜温暖、向阳的生长环境，耐寒耐旱，对土壤要求不严，常生于海拔较低的林缘和山坡草地。

花期

6 ~ 8 月。

观赏价值

射干花形飘逸精致，适合用来布置花径。

其他用途

射干可入药，有降火、散血、解毒、消炎的功效，可用于治疗咽喉肿痛、腹部积水、喉痹不通等症。

花序顶生，有叉状分枝，分枝上有数朵花聚生

花瓣橙红色，上面散生紫褐色的斑点

叶剑形，顶端渐尖

黄菖蒲

别名：水烛、黄鸢尾、水生鸢尾、黄花鸢尾

科属：鸢尾科鸢尾属

分布：全国各地

形态特征

多年生草本植物。根状茎粗壮，有明显的节；花茎粗壮，高 60 ~ 70 厘米，有明显的纵棱；基生叶呈宽剑形，顶端渐尖，基部鞘状，有明显的中脉；茎生叶比基生叶短而窄；苞片 3 ~ 4 枚，膜质，呈披针形，顶端渐尖，绿色；花梗长 5 ~ 5.5 厘米；花被管长 1.5 厘米，外花被裂片卵圆形或倒卵形，爪部狭楔形，内花被裂片较小，呈倒披针形，中央下陷呈沟状，有黑褐色条纹；雄蕊长约 3 厘米，花丝黄白色，花药黑紫色，花柱顶端裂片半圆形，边缘有疏齿。

生长习性

喜光耐寒，在半阴的环境下也能生长良好，有一定的耐盐碱能力，适宜在富含腐殖质、排水良好的轻黏土或沙壤土中生长。

花期

5 月。

观赏价值

黄菖蒲的叶翠绿如剑，花大娇艳，如飞燕展翅飞舞，极富情趣，花叶共美，常种植在池畔河边或浅水区，亦可用来插花。

其他用途

黄菖蒲的干燥根茎可入药，有调经、缓解牙痛和治疗腹泻的作用。同时，它还可用作染料。

花茎粗壮，高 60 ~ 70 厘米

花朵中央下陷呈沟状，有黑褐色条纹

番红花

别名：藏红花、西红花

科属：鸢尾科番红花属

分布：全国各地

形态特征

多年生草本植物。球茎扁圆球形，外面的膜质包被黄褐色；叶基生，有叶9～15枚，叶长15～20厘米，宽2～3毫米，条形，叶缘反卷，灰绿色；花茎甚短，不伸出地面；花1～2朵，有香味，白色、淡蓝色或红紫色；花被裂6片，二轮排列，内、外轮花被裂片均为倒卵形；雄蕊直立，花药黄色，顶端尖，略弯曲；子房狭纺锤形，花柱橙红色，上部3分枝，分枝弯曲下垂，柱头稍扁，顶端楔形；蒴果椭圆形。

生长习性

喜阴凉湿润的生长环境，能耐寒，适宜在疏松肥沃的沙土壤中生长。

花期

10月下旬至11月中旬。

观赏价值

番红花优雅娇柔，芳香特异，花色丰富多样，是布置花坛和庭园的优良花卉，也可盆栽或水养置于室内欣赏。

其他用途

番红花的花柱头可入药，是名贵的中药材，有活血化淤、散淤开结和止痛的功效，常用于惊怖恍惚、女性闭经、忧思郁结等多种病症的治疗。而且番红花还是调色和调味的佐料。

叶基生，呈条形

花被裂6片，裂片倒卵形

花柱橙红色

美人蕉

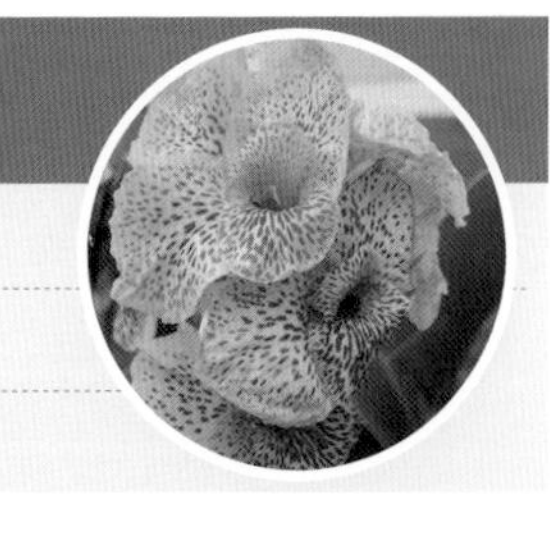

别名：兰蕉、小芭蕉、小花美人蕉

科属：美人蕉科美人蕉属

分布：南北各地

形态特征

多年生草本植物。株高 1 ~ 2 米，全株呈绿色；叶片卵圆形，长 10 ~ 30 厘米，宽约 10 厘米；总状花序顶生，花单生，有红、黄或红黄相间 3 种颜色；苞片绿色，呈卵形；萼片色绿而时有染红，呈披针形；花冠裂片绿色或红色，长 3 ~ 3.5 厘米，呈披针形，唇瓣弯曲；花柱扁平；蒴果长卵形，色绿，有软刺。

生长习性

喜温暖湿润的生长环境，不耐霜冻，对土壤要求不严，适应性强，以肥沃湿润、排水性好的沙质土壤为宜。

花期

3 ~ 12 月。

观赏价值

美人蕉花大色艳，有美人之姿，观赏价值高，可盆栽，亦可装饰花坛或直接地栽，极易存活。

其他用途

美人蕉的茎和花可入药，有清热利湿、降压安神之效。而且它还能吸收空气中的二氧化硫和二氧化碳等有害气体，达到净化空气的目的，是集绿化、净化、美化于一身的优良花卉。

总状花序顶生，色彩艳丽

苞片绿色，卵形

叶片卵状长圆形

蒴果长卵形，有软刺

花大色艳，有美人之姿

长寿花

别名：寿星花、家乐花、伽蓝花

科属：景天科伽蓝菜属

分布：国内大部分地区

形态特征

多年生草本多浆植物。植株小巧，高 10 ~ 30 厘米；叶对生，呈长圆状匙形或椭圆形，长 4 ~ 8 厘米，宽 2 ~ 6 厘米，密集苍翠，有光泽，叶缘有波状钝齿，略带红色；聚伞花序呈圆锥状，花序挺直，颜色深绿，每株有花序 5 ~ 7 个，花序长 7 ~ 10 厘米，有花 60 ~ 250 朵；花小，有 4 片花瓣，花朵色彩丰富；种子数量多。

生长习性

短日照植物，喜温暖湿润、阳光充足的环境，对土壤要求不严，但以沙质土壤为好。

花期

1 ~ 4 月。

观赏价值

长寿花小巧玲珑，花朵簇拥成团，稠密艳丽，花色丰富，既植于花坛，也可室内盆栽，花叶共赏。

其他用途

长寿花是具景天酸代谢途径植物中的其中一种，既可以释放氧气，也可以吸收二氧化碳，可以在密闭环境中达到净化空气的效果。

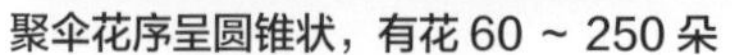

聚伞花序呈圆锥状，有花 60 ~ 250 朵

花朵稠密艳丽，簇拥成团

文心兰

别名：吉祥兰、跳舞兰、金蝶兰、舞女兰

科属：兰科文心兰属

分布：全国各地

形态特征

多年生草本植物。花茎粗壮；叶片 1 ~ 3 枚，有薄叶、厚叶和剑叶 3 种叶形；文心兰花序分枝优美，花直径可达 12 厘米以上，有纯黄、粉红、洋红等色，或具有茶褐色花纹；花萼萼片大小相等；花瓣比背萼稍大或等大，唇瓣 3 裂，呈提琴状，中裂片基部有脊状凸起，上有凸起的小斑点。

生长习性

喜阴湿、冷凉的生长环境，有很强的忍耐力，但冬季需要充足的阳光。

花期

7 ~ 8 月。

观赏价值

文心兰花茎轻盈，花形独特，犹如衣裙蹁跹的舞女，栩栩如生，故有“舞女兰”“跳舞兰”的别称，因其别致脱俗的花姿，是切花界的“五美人”之一，适合瓶插或加工制作成花束、花篮等。文心兰还是良好的盆栽品种，常将其置于居室、阳台或窗台，妙趣横生。

其他用途

作为世界重要的鲜切花之一，文心兰具有良好的市场经济价值，发展前景广阔。

文心兰花序分枝优美

花朵似金蝶飞舞，有极高的观赏价值

石斛兰

别名：林兰、杜兰、金钗花、吊兰花、黄草、千年润、禁生

科属：兰科石斛属

分布：西南、华南及台湾等地

形态特征

草本植物。植株由肉质茎构成，茎丛生，呈长棒状，基部有灰色基鞘；叶在茎节两旁对生，长 10 ~ 20 厘米；花葶从顶部叶腋中抽出，长达 60 厘米，每葶有花 4 ~ 18 朵，呈总状花序；花色亮丽，每花有花瓣 6 枚，向四面散开，花瓣唇瓣完整或有 3 裂，与蕊柱基部相连。

生长习性

喜温暖湿润、半阴的生长环境，喜光，不耐寒，生长适温为 18 ~ 30 摄氏度，忌干燥和积水，但新芽萌发时需充足的水分。野生石斛兰常见于海拔 480 ~ 1700 米的树干或岩石上。

花期

1 ~ 6 月。

观赏价值

石斛兰花姿优雅，娇俏玲珑，且气味芳香，是“四大观赏洋花”之一，可盆栽或附木栽培，也可用作鲜切花，是优良的观赏植物。

其他用途

石斛兰的茎可食，有益胃生津、养阴清热的功效，可治疗目暗不明、口干烦渴、阴伤津亏等症，但胃分泌不足者禁服石斛。

花梗从顶部叶腋中抽出，长达 60 厘米

花瓣唇瓣完整或有 3 裂，与蕊柱基部相连

大花蕙兰

别名：西姆比兰、蝉兰

科属：兰科兰属

分布：西南地区

形态特征

多年生常绿附生草本植物。假鳞茎粗壮，常有12～14节，节上有隐芽；叶2列，长度和宽度依品种而定，差异甚大，叶片呈长披针形，叶色受光照影响大；花序较长，有花10朵以上；花被片6枚，2轮，外轮3枚为萼片，呈花瓣状，内轮为花瓣，下方花瓣特化成唇瓣；蒴果因其品种而定；种子细小。

生长习性

喜光，对温度敏感，生长适温为10～25摄氏度，对水质要求也极高，喜微酸性水，以雨水最佳。

花期

花期不定，随温度变化。

观赏价值

大花蕙兰植株雄伟，花形硕大，花姿优美，常盆栽置于室内观赏，可放置在阳台、花架或窗台上，典雅清幽，观之悦目舒心。

其他用途

大花蕙兰能有效地吸收和分解空气中的有毒气体，净化居室空气。大花蕙兰也常用来装饰商厦和宾馆的大厅，使之更加气派美丽。

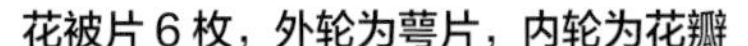

花被片6枚，外轮为萼片，内轮为花瓣

花序较长，有花10朵以上

蝴蝶兰

别名：蝶兰、台湾蝴蝶兰

科属：兰科蝴蝶兰属

分布：全国各地

形态特征

多年生草本植物。茎短，被叶鞘包围；叶质厚，有肉感，长 10 ~ 20 厘米，宽 3 ~ 6 厘米，呈长圆形、椭圆形或镰刀状长圆形，先端锐尖或钝，基部楔形，叶面绿色，叶背紫色；花序在基部侧生，不分枝或有时分枝；花序柄有数枚鳞片状鞘；花序轴紫绿色；花苞片卵状三角形；花梗纤细，长 2.5 ~ 4.5 厘米，中萼片近椭圆形，侧萼片歪卵形；花瓣菱状圆形，有网脉，唇瓣 3 裂，基部有爪，侧裂片倒卵形，直立，有细条纹或红色斑点，中裂片似菱形，裂片中间有黄色肉突；蕊柱粗壮。

生长习性

喜暖畏寒，多生于热带雨林地区，亦可见于高温高湿海岸边的森林树木上。

花期

4 ~ 6 月。

观赏价值

蝴蝶兰婀娜优美，颜色华丽，端庄高雅，馨香淡雅，有宁神安心之效，可植于园林，也可盆栽于室内欣赏。

其他用途

蝴蝶兰不仅能吸收空气中的有害气体，还能释放出氧气，达到净化空气的目的。若将蝴蝶兰置于电脑旁，还能在一定程度上减少电脑辐射对人体的伤害。

花序侧生，一般不分枝

唇瓣 3 裂，基部有爪

花瓣呈菱状圆形，有网脉

三色堇

别名：猫儿脸、蝴蝶花、人面花、鬼脸花

科属：堇菜科堇菜属

分布：南北各地区

形态特征

二年生或多年生草本植物。全株光滑无毛，高10～40厘米；基生叶呈披针形或长卵形，有长柄，茎生叶圆状卵形，边缘齿状；花梗微粗壮；萼片长圆状披针形；花腋生，上方花瓣为深紫堇色，侧方与下方花瓣均为三色；苞片极小，呈卵状三角形；花柱短，球状，柱头膨大；蒴果无毛，椭圆形。

生长习性

喜光耐寒，忌高温水涝。适宜在排水良好、富含有机质的中性土壤中生长。

花期

4～7月。

观赏价值

三色堇品种复杂，颜色极为丰富，鲜艳明丽，俏皮可爱。可露天栽种在庭院和花坛内，也能盆栽置于室内作点缀。

其他用途

三色堇有杀菌作用，可用于治疗皮肤疾病，如青春痘、粉刺和过敏等症，而且用三色堇还可药浴，有丰胸的作用。三色堇的花芳香，可用来提取香精。

花大，每花通常有紫、白、黄三色

三色堇鲜艳明丽，室外种植为宜

天竺葵

别名：洋绣球、日烂红、驱蚊草、洋蝴蝶、石蜡红

科属：牻牛儿苗科天竺葵属

分布：全国各地

形态特征

多年生草本植物。株高 30 ~ 60 厘米，茎直立，基部木质化，多分枝或不分枝，密被短柔毛；叶互生，呈肾形或圆形，茎部心形，叶缘有波状浅裂和圆形齿，叶面有暗红色马蹄形环纹；托叶卵形或宽三角形，上有柔毛或腺毛；叶柄长 3 ~ 10 厘米；伞状花序腋生，花朵数量多；总花梗比叶长；花梗长 3 ~ 4 厘米；总苞片数枚，呈宽卵形；萼片长 8 ~ 10 毫米，呈狭披针形，外被蜜腺毛和长柔毛；花瓣为宽倒卵形，先端圆形，基部有短爪；蒴果有柔毛。

生长习性

喜燥忌湿，需要充足的阳光，适宜在冬暖夏凉的环境下生长。适应性强，不喜大肥。

花期

5 ~ 7 月。

观赏价值

天竺葵端庄俏丽，花色艳丽夺目，花期长，适宜盆栽置于室内或布置花坛。

其他用途

天竺葵可药用，有止血、利尿、排毒、补身、除臭、杀菌等多种效用。天竺葵还是神经系统的补药，能平抚焦虑，恢复心理平衡。天竺葵精油亦具有良好的美容价值，能平衡皮脂分泌，是一种全面性的洁肤油。

茎直立，多分枝或不分枝

花瓣宽倒卵形，基部有短爪

伞状花序腋生，花朵数量多

紫茉莉

别名：胭脂花、夜饭花、状元花、丁香叶、苦丁香、野丁香

科属：紫茉莉科紫茉莉属

分布：南北各地

形态特征

一年生草本植物。株高可达1米，圆柱形茎直立，多分枝，叶节稍微膨大，茎、枝上无毛或疏生细柔毛；叶呈卵形或卵状三角形，基部截形或心形，两面均无毛，脉向上隆起；花数朵簇生于枝端；花梗长1～2毫米；总苞钟形，裂5片，裂片呈三角状卵形，有脉纹，果实宿存于内；花冠高脚杯状，筒部长2～6厘米，花被5浅裂，白色、黄色、紫红色或杂色，有香气；花丝细长，伸出花外；花药球形；花柱单生，呈线形，伸出花外，柱头头状；瘦果革质，球形，表面有皱纹，黑色。

生长习性

喜温和湿润的生长环境，不耐寒，露地栽培要求土壤土层深厚并且疏松肥沃。

花期

6～10月。

观赏价值

紫茉莉小巧可爱，是南北各地常见的观赏植物，可地植也可盆栽，有时亦为野生。

其他用途

紫茉莉的根和叶可药用，有活血调经、滋补和清热解毒的功效；种子碾碎后的粉末对祛除面部瘢痣、粉刺有一定的效果。

花被5浅裂，花丝细长，伸出花外

花常数朵簇生于枝端

叶片为卵形或卵状三角形

蜀葵

别名：一丈红、大蜀季、戎葵、胡葵、斗篷花、秫秸花

科属：锦葵科蜀葵属

分布：华东、华中、华北、华南地区

形态特征

二年生直立草本植物。株高达 2 米，茎和枝上有浓密的刺毛；叶近圆心形，掌状浅裂 5 ~ 7 个，裂片呈三角形或圆形；叶柄长 5 ~ 15 厘米；托叶卵形，先端 3 尖；总状花序腋生、单生或近簇生；苞片叶状；小苞片杯状，常有 6 ~ 7 裂，裂片呈卵状披针形，密被星状粗硬毛；花萼钟状，有 5 个齿状裂，裂片呈卵状三角形，密被星状粗硬毛；花大，有单瓣和重瓣，花瓣呈倒卵状三角形，颜色丰富；雄蕊柱长约 2 厘米，花丝纤细，花药黄色，花柱多分枝；果盘状，有短柔毛。

生长习性

喜光，耐半阴，不耐水涝。要求土壤富含腐殖质、疏松肥沃，并且排水性良好。

花期

2 ~ 3 月。

观赏价值

蜀葵清新怡人，特别适合在路侧和院落种植，也适宜布置花境或组成花墙、绿篱等。矮生品种可盆栽，也可以用作切花材料。

其他用途

蜀葵的根、花、叶、子均可入药，其中根可利尿、清热排毒；花可解毒散结；叶外用可治疗烫伤和痈肿疮疡；子可利尿通淋。

蜀葵花大色艳，清新怡人

花单生或近簇生

锦葵

别名： 荆葵、钱葵、金钱紫花葵、小白淑气花、棋盘花

科属： 锦葵科锦葵属

分布： 全国各地

形态特征

二年生或多年生直立草本植物。株高 50 ~ 90 厘米，多分枝，疏被粗毛；叶圆心形或肾形，有 5 ~ 7 枚圆齿状裂片，基部近心形至圆形，叶缘有圆锯齿，两面均无毛或脉上有短糙伏毛；叶柄长 4 ~ 8 厘米，槽内有长硬毛；托叶偏斜，呈卵形，有锯齿；花 3 ~ 11 朵簇生；花梗无毛或疏被粗毛，长 1 ~ 2 厘米；小苞片 3 枚，长圆形，疏被柔毛；花萼裂片 5 枚，呈宽三角形，两面均有星状疏柔毛；花瓣 5 枚，呈匙形，先端微缺，爪有髯毛，花白色或紫红色；雄蕊有刺毛，花丝无毛；花柱分枝 9 ~ 11 枚，有细毛；果扁圆形，上有柔毛；种子为黑褐色，肾形。

生长习性

喜光，耐寒耐旱，不择土壤，生命力强。

花期

5 ~ 10 月。

观赏价值

锦葵开放时喜庆而别致，多用于花境造景，或种植在庭院墙角等地，花开不败，连绵不绝。

其他用途

锦葵的茎、叶、花均可入药，有理气通便、清热利尿的功效，可用于便秘、瘰疬等症的治疗。此外，锦葵的花还可做香茶。

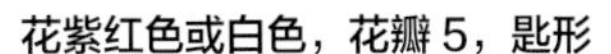

花紫红色或白色，花瓣 5，匙形

花 3 ~ 11 朵簇生

一串红

别名： 象牙红、西洋红、炮仔花、炮仗红

科属： 唇形科鼠尾草属

分布： 全国各地栽培广泛

形态特征

亚灌木状草本植物。株高可达 90 厘米，茎无毛，有浅槽；叶呈卵圆形或三角状卵圆形，先端渐尖，基部截形或圆形，叶缘有锯齿，叶面绿色，叶背颜色较淡，有腺点，两面均无毛；总状花序由轮伞花序组成，长达 20 厘米或以上；苞片大，红色，在花开前包裹花蕾，先端渐尖；花梗密被红色的具腺柔毛，花序轴被微柔毛；花萼钟形，红色；花冠红色，外有微柔毛，内面无毛，冠筒直伸，呈筒状，冠檐二唇形，上唇长圆形，略内弯，下唇比上唇短，有 3 裂，中裂片半圆形，侧裂片长卵圆行，比中裂片长；雄蕊外露，花丝长约 5 毫米；坚果暗褐色，呈椭圆形。

生长习性

喜阳，亦可耐半阴，要求土壤疏松肥沃、排水良好。

花期

3 ~ 10 月。

观赏价值

一串红花朵繁密，颜色亮丽鲜艳，常作为装饰花坛的主体材料，亦可与其他花品搭配，有独特的美感和风韵。

其他用途

全草入药，有清热凉血、消肿的功效。

花冠红色

花 2 ~ 6 朵组成轮伞花序

常作为装饰花坛的主体材料

随意草

别名： 芝麻花、囊萼花、虎尾花、一品香、假龙头

科属： 唇形科随意草属

分布： 华东地区

形态特征

多年生草本植物。株高 60 ~ 120 厘米；地上茎直立丛生，呈四方形；叶对生，长椭圆形至披针形，叶缘有锯齿，叶亮绿色；穗状花序聚成圆锥状花序顶生，长 20 ~ 30 厘米，单一或有分枝，小花密集，自下而上逐渐开放；花冠唇形，常见为玫瑰紫色，也有白色、粉色、红色、枚红色或深桃红色等色。

生长习性

喜光照充足、温暖的生长环境，耐寒，但不耐强光暴晒，生长适温为 18 ~ 28 摄氏度，适宜在疏松肥沃、排水良好的沙质土壤中生长。

花期

7 ~ 9 月。

观赏价值

随意草叶秀花艳，植株整齐挺秀，清新别致，广泛应用于园林中，常成片种植，或植于花坛、花境和草地，也可盆栽或用作鲜切花。

其他用途

从随意草中提取的色素可炼制指甲油，颜色清新自然，还可用来制作硅藻泥。

小花密集，自下而上逐渐开放

穗状花序顶生，或有分枝

旱金莲

别名：荷叶七、旱莲花、金钱莲、寒荷、大红雀

科属：旱金莲科旱金莲属

分布：河北、江苏、福建、广东、广西、云南、贵州、四川、西藏等地

形态特征

一年生肉质草本植物。蔓生，茎无毛或有疏毛；叶互生，圆形，直径 3 ~ 10 厘米，9 条主脉从叶柄着生处向四面散开呈放射状，叶缘是波浪形的浅缺刻，叶背常有疏毛或乳凸点；单花腋生；花柄长 6 ~ 13 厘米；花托呈杯状；萼片 5 枚，呈长椭圆形，基部合生；花被裂 5 片，上面 2 片着生在开口处，下面 3 片基部狭窄成爪，花瓣圆形，边缘有缺刻，颜色有紫色、黄色、橘红色或杂色；花柱 1 枚，柱头有 3 裂；果扁球形，成熟时分裂成 3 个瘦果，每个瘦果内有一粒种子。

生长习性

不耐严寒酷暑，喜温和的气候环境，在肥沃疏松、通透性好的土壤中生长良好。

花期

6 ~ 10 月。

观赏价值

旱金莲花容柔美，叶如碗莲，茎蔓娉婷柔软，具有极高的观赏价值，可盆栽置于室内装饰阳台、书桌，也可用作切花。

其他用途

旱金莲可作为蔬菜，清淡爽口。采嫩茎叶入沸水焯透，放入调料拌匀即可。旱金莲全草亦可入药，有清热解毒之效，可用于痈疖肿毒和眼结膜炎的治疗。

裂片上面 2 片着生在开口处，下面 3 片基部狭窄成爪

花被裂 5 片，花瓣圆形，边缘有缺刻

蔓生，叶互生，圆形

花菱草

别名： 加州罂粟、金英花、人参花、洋丽春

科属： 罂粟科花菱草属

分布： 全国各地

形态特征

多年生草本植物。植株无毛；茎直立，有明显纵肋，分枝多而且向外开展，呈二歧状；基生叶数枚，多为三出羽状细裂，茎生叶与基生叶基本相同，但有短柄且比基生叶小；花单生于茎顶或分枝顶端；花梗长 5 ~ 15 厘米；花萼卵珠形，顶端呈短圆锥状，萼片 2 枚；花瓣 4 枚，呈三角状扇形，黄色，基部有橙黄色斑点；雄蕊多数，花丝丝状，花药橙黄色，条形；花柱短，柱头 4，呈钻状线形；蒴果脱落后，从基部向上开裂，呈狭长圆柱形；种子多数，呈球形，有明显的网纹。

生长习性

喜冷凉干燥的生长环境，较耐寒，不耐湿热，适宜在土层深厚、疏松肥沃的沙质土壤中生长。常可见于海拔 2000 米以下的草地及开阔地区。

花期

4 ~ 8 月。

观赏价值

花菱草简单而不失优雅，泛着丝绸般的光泽，广泛用于园林造景中。

其他用途

花菱草中能提取可以镇静、抗焦虑药物的成分。但要注意避免直接接触花菱草的叶子，否则皮肤会瘙痒、起颗粒，若误食花菱草的果子会引起呕吐和腹泻。

花瓣 4 片，呈三角状扇形

花单生于茎顶或分枝顶端

雄蕊多数，花丝丝状，花药条形

鬼罂粟

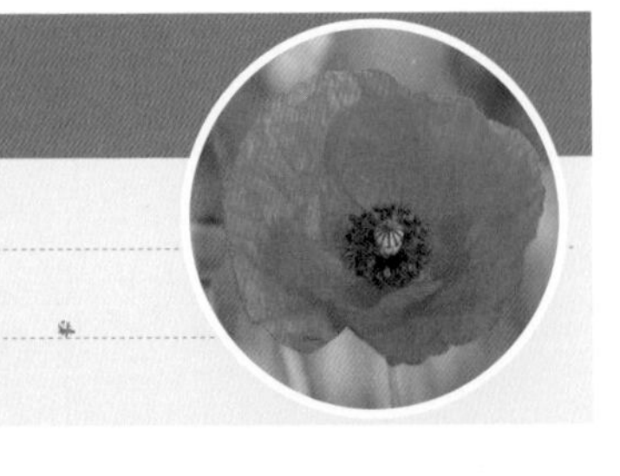

别名：东方罂粟

科属：罂粟科罂粟属

分布：华北地区、台湾

形态特征

多年生草本植物。茎直立，高 60 ~ 90 厘米，圆柱形，有展开或紧贴的刚毛；基生叶连叶柄长 20 ~ 25 厘米，呈卵形至披针形，二回羽状深裂，小裂片呈披针形或长圆形，有疏齿或缺刻状齿，两面均为绿色，有刚毛；茎生叶互生，数量多，但比较小；花单生于茎顶，花梗密被刚毛；花蕾长 2 ~ 3 厘米，呈卵形或宽卵形，有伸展的刚毛；萼片 2 ~ 3 枚，外绿内白；花瓣 4 ~ 6 片，呈扇状或宽倒卵形，基部有短爪，爪上有时有紫蓝色斑点，背部有粗脉，色红或深红；雄蕊多数，花丝丝状，深紫色，花药长圆形，紫蓝色；柱头辐射状，紫蓝色；蒴果苍白色，近球形，无毛；种子褐色，圆肾形，有宽条纹和小孔穴。

生长习性

喜光耐旱，不耐移植。适宜生长在疏松肥沃的沙质土壤里。

花期

6 ~ 7 月。

观赏价值

鬼罂粟花大色艳、妖艳美丽，可用于花坛和庭院的装饰和布置。

其他用途

鬼罂粟常被用于园林艺术的建造设计中，是常用的园林造型的花卉之一。

花大色艳、花形优雅，十分美丽

蒴果苍白色，近球形，无毛

花瓣呈扇状或宽倒卵形

花单生茎顶

花丝丝状，深紫色；花药长圆形，紫蓝色

荷包牡丹

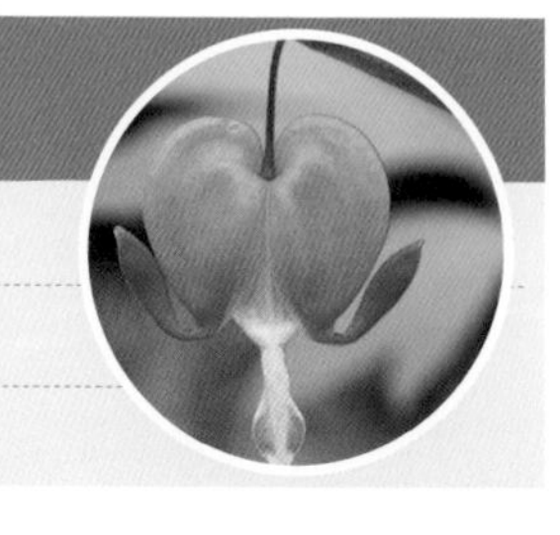

别名： 鱼儿牡丹、活血草、土当归、荷包花、耳环花

科属： 罂粟科荷包牡丹属

分布： 河北、甘肃、四川、云南等地

形态特征

直立草本植物。株高 30 ~ 60 厘米或更高；茎圆柱形，带有紫红色；叶片轮廓三角形，叶长 15 ~ 40 厘米，宽 10 ~ 20 厘米，叶片二回三出全裂，叶面绿色，叶背有白粉，叶脉明显；叶柄长约 10 厘米；总状花序长约 15 厘米，花着生在花序轴的一侧，有花 5 ~ 15 朵；苞片长 3 ~ 10 毫米，呈钻形或线状长圆形；萼片呈披针形，在花开前脱落；花优美，外花瓣有数条脉纹，上部变狭并向下反曲，基部心形，下部呈囊状，颜色紫红至粉红，微有白色，内花瓣匙形，先端圆形，背部有鸡冠状突起；雄蕊束弧曲上升，花药长圆形，花柱细，柱头呈狭长方形，顶端有 2 裂。

生长习性

耐寒但不耐高温和干旱，喜欢疏松湿润的肥沃沙壤土。

花期

4 ~ 6 月。

观赏价值

荷包牡丹花形独特，形似牡丹，玲珑有致，色彩绚丽，具有极好的观赏价值，是盆栽和切花的理想花卉，也可用来布置花境或点缀草丛和林缘。

其他用途

全草可入药，有利尿、镇痛、散血、除风、消疮毒等功效。

外花瓣基部呈心形

叶片轮廓呈三角形，二回三出全裂

总状花序，花着生在花序轴一侧

虞美人

别名： 丽春花、赛牡丹、锦被花、百般娇、虞美人花

科属： 罂粟科罂粟属

分布： 全国各地

形态特征

一年生草本植物。茎直立，有分枝，有淡黄色刚毛；叶互生，呈狭卵形或披针形，叶两面均有淡黄色刚毛，叶脉在叶背突起，在叶面微凹；花单生于茎顶或分枝的枝端；花梗被淡黄色平展的刚毛；花蕾下垂，呈长圆状倒卵形；萼片 2 枚，绿色，呈宽椭圆形；花瓣 4 片，呈圆形、横向宽椭圆形或宽倒卵形，紫红色，基部常有深紫色斑点；雄蕊多，花丝深紫红色，丝状，花药黄色，长圆形；子房倒卵形，无毛；蒴果无毛，宽卵形，种子数量多，呈肾状长圆形。

生长习性

耐寒，怕暑热，喜阳光充足的环境，喜排水良好、肥沃的沙壤土。不耐移栽，忌连作与积水。

花期

3 ~ 8 月。

观赏价值

虞美人开放时轻盈如绸，红若云霞，摇曳多姿，常用于花坛和花境的装饰，或成片栽种，颇为美观，也可盆栽或用作切花。

其他用途

虞美人全株可入药，有镇痛、止泻等多种功效，常用于痢疾、腹痛等症的治疗。

茎直立，全体被伸展的刚毛

花瓣 4 片，基部常有深紫色斑点

虞美人开放时红若云霞，非常美丽

大岩桐

别名：落雪泥、六雪尼

科属：苦苣苔科大岩桐属

分布：全国多个地区

形态特征

多年生草本植物。块茎扁球形，地上茎极短；株高 15 ~ 25 厘米，密被白色绒毛；叶对生，呈卵圆形或长椭圆形，厚而大，叶缘有锯齿，叶脉隆起；花腋生或顶生，花大而美；花梗从叶间抽出；花冠呈钟状，有 5 ~ 6 个浅裂，颜色丰富，有红、白、粉红、紫蓝和复色等；种子褐色，小而多。

生长习性

喜温暖湿润、半阴的生长环境，有一定的抗热能力，但忌强光直射，不喜大水，冬季休眠时需要保持土壤干燥，否则块茎易腐烂。适宜在富含腐殖质、疏松肥沃、偏酸性的土壤中生长。

花期

4 ~ 11 月。

观赏价值

大岩桐花大色艳，叶茂翠绿，娉婷有致，可植于花坛，亦可盆栽置于室内，有极好的装饰性效果。

其他用途

大岩桐不仅能美化居室环境，还能有效分解空气中的有毒物质，保证空气的纯净清新。

叶互生，叶片宽卵形或卵圆形

花姿娉婷，可植于花坛，亦可盆栽

花大而美，花冠呈钟状

醉蝶花

别名：西洋白菜花、凤蝶草、紫龙须、蜘蛛花

科属：山柑科白花菜属

分布：全国各大城市

形态特征

一年生草本植物。株高1～1.5米，株被黏质腺毛，有托叶刺；掌状复叶，小叶呈椭圆状披针形或倒披针形，中央叶大，最外侧叶最小，顶端渐狭或急尖，基部楔形，两面均有毛；叶柄上有淡黄色皮刺；总状花序顶生，密被黏质腺毛；苞片叶状，呈卵状长圆形；花梗长2～3厘米，单生于苞片腋内；萼片4枚，呈长圆状椭圆形，外被腺毛；花瓣倒卵状匙形，顶端圆形，基部渐狭；雄蕊6枚，花丝长3.5～4厘米，花药线形；子房线柱形，几乎没有花柱，柱头头状；果圆柱形，两端稍钝，表面有脉纹；种子表面平滑或有小疣状突起。

生长习性

喜高温，耐暑热，忌寒冷。对土壤要求不高，但喜欢湿润的土壤。

花期

初夏。

观赏价值

醉蝶花花姿轻盈飘逸，如蝶飞舞，可用来布置花坛、花境，也可作为盆栽欣赏，或植于庭院墙边或树下。

其他用途

醉蝶花的全草可入药，有杀虫止痒、祛风散寒的功效。醉蝶花还是优良的抗污花卉，能有效对抗二氧化硫和氯气等有害气体。

叶由5～7枚小叶组成掌状复叶

花瓣倒卵状匙形

羽扇豆

别名：多叶羽扇豆、鲁冰花

科属：豆科羽扇豆属

分布：全国各地

形态特征

一年生草本植物。株高 20 ~ 70 厘米；茎基部有分枝，全株被锈色或棕色硬毛；掌状复叶，有小叶 5 ~ 8 枚，小叶长 15 ~ 70 毫米，宽 5 ~ 15 毫米，呈倒卵形、倒披针形至匙形，先端钝或锐尖，基部渐狭，两面均有硬毛；叶柄比小叶长；托叶钻形，下半部与叶柄连生；总状花序顶生，下方的花互生，上方的花不规则轮生；花序轴纤细；苞片钻形；花梗短；萼二唇形，有硬毛，下唇比上唇长，下唇有 3 个深裂，上唇裂片较浅；花冠多为蓝色，旗瓣和龙骨瓣有白色斑纹；荚果长圆状线形，密被棕色硬毛；种子卵形，有棕色或红色斑纹。

生长习性

喜阳光充足、凉爽的生长环境，忌炎热，不耐移植，最适宜生长在排水性良好的沙质土壤中。

花期

3 ~ 5月。

观赏价值

羽扇豆花容丰满，花色丰富，是园林造景中难得的配置花卉，适宜布置花坛、花境或丛植，也可盆栽或用作切花。

其他用途

羽扇豆的茎和叶可以用作青饲或放牧，也可制成优良的饲料；种子亦是蛋白质含量很高的精饲料。

总状花序顶生，长 5 ~ 12 厘米

花冠的旗瓣和龙骨瓣上有白色斑纹

掌状复叶，有小叶 5 ~ 8 枚

下方的花互生，上方的花不规则轮生

羽扇豆花容丰满，花色丰富，是园林造景中常用的搭配花卉

小冠花

别名：多变小冠花

科属：豆科小冠花属

分布：华北、华东、华中、西北地区

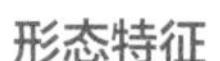

形态特征

多年生草本植物。根系粗壮，根上有根瘤；茎有棱，中空，匍匐生长，茎长可达1米以上，多分枝；奇数羽状复叶，有小叶11～27枚，呈倒卵形或长椭圆形；伞状花序腋生，花密生，花色多变；荚果细长，呈指状，有3～12节，每节有1粒种子；种子细长，呈肾状，黑褐色。

生长习性

喜温暖湿润的气候，适应性强，不耐阴和水涝，对土壤要求不严。

花期

盛花期5～6月，后可零星开至11月。

观赏价值

小冠花花序井然，花色多变，匍匐生长，花开成片，极富观赏价值。

其他用途

小冠花可食，味道香甜软糯，有淡淡的清香。因其茎干匍匐生长，是抗沙固土的理想植物，既美化环境，又能防止水土流失。而且小冠花蛋白质含量高，是放牧的优良饲料。

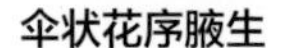

伞状花序腋生

花密生，花色多变

花开成片，极富观赏价值

繁星花

别名：雨伞花、星形花、五星花、草本仙丹花

科属：茜草科五星花属

分布：南部地区

形态特征

多年生草本植物。株高 30 ~ 80 厘米；茎直立，多分枝；叶对生，叶长 6 ~ 8 厘米，呈卵形、椭圆形或披针状长圆形，顶端短尖，基部渐狭成短柄；聚伞花序顶生，花朵密集；花无梗；花冠筒状，喉部有密毛，冠檐开展，花瓣 5 裂呈五角星形，有白、粉红、桃红、绯红等色；花柱长约 2.5 厘米；蒴果膜质，种子极小。

生长习性

喜暖热、光照充足的环境，耐旱耐高温，生性强健，适宜在富含有机质的疏松土壤中生长。

花期

3 ~ 10 月。

观赏价值

繁星花密集而生，开放时，花似繁星，色彩雅致，赏心悦目，适用于花境和花坛的布置，也可盆栽。

其他用途

繁星花置于室内能分解和吸收空气中的有害物质，净化居室空气。而且繁星花品种繁多，具有良好的经济价值，其中“蝴蝶夫人”在花卉市场中价格高昂，可以为花农带来可观的经济收入。

聚伞花序顶生，花朵密集

花柱异长，长达 2.5 厘米

花瓣 5 裂呈星形

凤仙花

别名：指甲花、女儿花、金凤花、凤仙透骨草、急性子

科属：凤仙花科凤仙花属

分布：南北各地

形态特征

一年生草本植物。株高 60 ~ 100 厘米；茎肉质，粗壮直立，有分枝或不分枝；叶互生，呈披针形、倒披针形或狭椭圆形，先端尖或渐尖，基部楔形，叶缘有锐锯齿，两面无毛或疏被柔毛；叶柄长 1 ~ 3 厘米；花簇生或单生于叶腋；花梗密被柔毛；苞片位于花梗的基部；侧生萼片 2 枚，呈卵状或卵状披针形；唇瓣深舟状，旗瓣圆形，呈兜状，翼瓣下部裂片倒卵状长圆形，上部裂片近圆形；雄蕊 5 枚，花丝线形，花药卵球形；蒴果宽纺锤形，密被柔毛；种子圆球形，黑褐色。

生长习性

喜光怕湿，耐热不耐寒，适应性好，喜疏松肥沃的土壤，在较贫瘠的土壤中也能生长。

花期

7 ~ 10 月。

观赏价值

凤仙花形似彩凤，妩媚优美，是布置花坛、花境的常用材料，可群植或丛植，亦可盆栽和用作切花水养。

其他用途

凤仙花的嫩叶焯水后加调料拌匀即可食用，而且煮肉炖鱼时，若是加入几粒凤仙花种子，会使肉烂骨酥，别具风味。凤仙花的根、茎、花及种子皆可入药，有多种功效。

花簇生或单生于叶腋

叶互生，叶缘有锐锯齿

唇瓣深舟状，白色，旗瓣圆形，兜状

山桃草

别名：千鸟花、白桃花、白蝶花、千岛花、玉蝶花

科属：柳叶菜科山桃草属

分布：北京、南京、山东、江西、浙江、香港等地

形态特征

多年生草本植物。丛生，株高 60 ~ 100 厘米，茎直立，多分枝，入秋后变成红色，上被长柔毛与曲柔毛；叶呈椭圆状披针形或倒披针形，先端渐尖，基部楔形，叶缘有波状齿或突齿，上下叶面均有贴生的长柔毛；长穗状花序长 20 ~ 50 厘米，生在茎顶，不分枝或少分枝；苞片呈线形、披针形或椭圆形；萼片在花开时反折，有伸展的长柔毛；花排向一侧，花瓣呈倒卵形或椭圆形，色白，后变成粉红；花丝长 8 ~ 12 毫米，花药带红色，花柱基部有毛，柱头深 4 裂，伸出花药之上；蒴果坚果状，呈狭纺锤形，有明显的棱，熟时褐色；种子卵状，淡褐色。

生长习性

喜湿润凉爽、阳光充足的环境，耐寒耐旱，耐半阴，要求土壤湿润肥沃，排水性好。

花期

5 ~ 8 月。

观赏价值

山桃草花形似桃花，极具观赏性，可丛栽、盆栽、亦可来插花。

其他用途

山桃草具有多种园林用途，常用来布置花坛、花境或点缀草坪。

长穗状花序长 20 ~ 50 厘米

花药带红色，柱头深 4 裂

花瓣呈倒卵形或椭圆形

柳兰

别名：铁筷子、火烧兰、糯芋

科属：柳叶菜科柳叶菜属

分布：华北、西北、西南、东北

形态特征

多年生草本植物。茎丛生，粗壮直立，不分枝或上部有分枝；叶螺旋状互生，基部叶对生，下部叶近膜质，常枯萎，中上部叶近革质，呈线状披针形或狭披针形，先端渐狭，基部钝圆或呈宽楔形，叶缘有稀疏小齿，两面均无毛；总状花序直立，下部苞片叶状，呈三角状披针形；萼片紫红色，长圆状披针形，有灰白柔毛；花瓣颜色粉红至紫红，呈倒卵形或狭倒卵形，先端或前缘有浅凹缺；花药长圆形，初红色，开裂时紫红色；花柱开放时强烈反卷，后恢复直立，柱头白色，4 深裂；蒴果密被白灰色柔毛；种子倒卵形，褐色，有短喙；种缨丰富，灰白色，不易脱落。

生长习性

常生于湿润的草坡灌丛、高山草甸、河滩、火烧迹地或砾石坡。

花期

6 ~ 9 月。

观赏价值

柳兰花穗挺立，花色秀丽，常成片开放，十分壮观，因其植株较高，是布置花境的理想材料，也可用作插花。

其他用途

柳兰全草可入药，可消肿利水、润肠、下乳，主要针对气虚浮肿和乳汁不足等情况。

花茎粗壮直立

花瓣倒卵形或狭倒卵形

花穗挺立，成片开放，十分壮观

美女樱

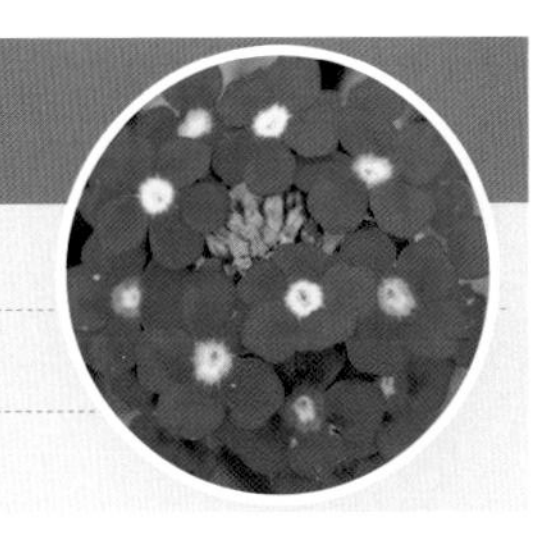

别名：草五色梅、铺地马鞭草、铺地锦、四季绣球、美人樱

科属：马鞭草科马鞭草属

分布：全国各地

形态特征

多年生草本植物。株高 10 ~ 50 厘米，植株丛生，匍匐在地面，全株有灰色柔毛；茎低矮粗壮，有四棱；叶对生，叶片长圆形、卵圆形或披针状三角形，叶基部有裂刻，叶缘有缺刻状粗齿或整齐的圆钝锯齿；穗状花序顶生，小花密集排列成伞房状；苞片披针形；花萼细长筒状，先端有 5 裂；花冠比萼筒长两倍，呈漏斗状，先端有 5 裂，裂片顶端凹入。

生长习性

喜光耐寒，不耐阴，也不耐旱，喜温暖湿润的气候，对土壤要求不严，但更适宜在疏松肥沃、湿润的中性土壤中生长。

花期

5 ~ 11 月。

观赏价值

美女樱花如其名，姿态优美，花繁色艳，盛开时如彩虹铺地，是理想的地被植物。常用于城市道路绿化带、大转盘、花坛等处的美化，既可单色种植，亦可多色混植，五彩缤纷，观赏效果甚佳。

其他用途

全草可入药，有清热解毒、止血凉血的功效。

穗状花序顶生，小花密集排列成伞房状

盛开时如彩虹铺地

姜花

别名：蝴蝶花、白草果、夜寒苏、香雪花、姜黄

科属：姜科姜花属

分布：广东、广西、台湾、湖南、四川、云南等地

形态特征

淡水草本植物。茎高 1 ~ 2 米，叶长 20 ~ 40 厘米，宽 4.5 ~ 8 厘米，呈披针形或长圆状披针形，顶端渐尖，基部急尖，叶面光滑，叶背有短柔毛；无柄；穗状花序顶生；苞片卵圆形，呈覆瓦状排列，每个苞片内有花 2 ~ 3 朵；花萼管顶端一侧有开裂；花冠管裂片呈披针形，后方有一枚裂片呈兜状；侧生退化雄蕊长 5 厘米，呈长圆状披针形；唇瓣倒心形，白色，基部稍黄，顶端有 2 裂；花丝比雄蕊短；子房有绢毛。

生长习性

喜高湿、高温且稍微荫蔽的环境，在肥沃疏松的微酸性土壤中生长良好。

花期

8 ~ 12 月。

观赏价值

姜花洁白如玉，清新淡雅，十分耐看，而且芳香馥郁，极为适合盆栽，也可成片丛植在园林中，花开时如白蝶飞舞，无花时则绿意盎然，具有极好的视觉效果。姜花也可用作切花。

其他用途

姜花可食，是一种绿色保健蔬菜。姜花的根茎和果实可入药，根茎有温经止痛、祛风散寒等功效，可用来治疗风湿痛、风寒头痛等症；果实有温中健胃、止痛等功效，主要治疗寒湿淤滞等病症。

苞片卵圆形，呈覆瓦状排列，每个苞片内有花 2 ~ 3 朵

花冠管纤细

雄蕊长 5 厘米，呈长圆状披针形

瓷玫瑰

别名：姜荷花、火炬姜

科属：姜科艳山姜属

分布：广东、福建、云南、台湾等南方地区

形态特征

多年生草本植物。株高可达10米，在我国株高仅2～5米；茎枝成丛生长，茎秆被叶鞘包裹；叶互生，2行排列，叶长30～60厘米，呈线形至椭圆形或椭圆状披针形，叶片绿色，光滑有光泽；头状花序从地下茎抽出，高1～2米，呈圆锥形果球状；花序柄粗壮；苞片瓷质或蜡质，肥厚有光泽；花瓣革质，亮丽如瓷，有50～100瓣不等，层层叠叠；花上部唇瓣金黄色。

生长习性

喜高温高湿、阳光充足的环境，生长适温为25～30摄氏度，生长初期宜稍微荫蔽。以疏松肥沃、透水性好的沙质土壤最为适宜。

花期

5～10月。

观赏价值

瓷玫瑰花形独特，如燃烧的熊熊火炬，艳丽华贵，观赏价值极高。

其他用途

瓷玫瑰主要用于园林观赏，亦可用作鲜切花，能保持半月不衰，是高档的切花花卉；另外，瓷玫瑰还能制成大型盆栽置于室内观赏。

花柄粗壮

头状花序基生，呈圆锥形果球状

茎枝成丛生长

八宝景天

别名：华丽景天、长药八宝、大叶景天、八宝、活血三七

科属：景天科八宝属

分布：全国各地

形态特征

多年生草本植物。株高 30 ～ 50 厘米；地下茎肥厚，地上茎粗壮，簇生且直立，茎秆灰绿色，略被白粉；叶肉质，对生或轮生，长 8 ～ 10 厘米，宽 2 ～ 3.5 厘米，呈长圆形至卵状长圆形，先端急尖，基部渐狭，叶缘有疏锯齿；伞房状聚伞花序顶生，花密生；萼片 5 枚，呈卵形；花瓣 5 枚，呈宽披针形，白色或粉红色；雄蕊 10 枚，与花瓣等长或稍短，花药紫色。

生长习性

喜光照强烈、干燥和通风好的环境，不择土壤，但要求土壤排水良好。

花期

8 ～ 9 月。

观赏价值

八宝景天开放时花团锦簇，花开成片，灿烂夺目，常用于花坛、花境的布置，也可成片栽种作地被保护植物。

其他用途

全草可入药，有止血止痛、祛风利湿、活血散淤的功效，可用于喉炎、吐血、乳腺炎、毒蛇咬伤、跌打损伤等症的治疗。

株高 30 ～ 50 厘米，地上茎粗壮

伞房状聚伞花序顶生，花密生

开放时花团锦簇，灿烂夺目

飞燕草

别名： 大花飞燕草、鸽子花、百部草、千鸟草

科属： 毛茛科飞燕草属

分布： 华北、东北、华北等地

形态特征

多年生草本植物。茎高约 60 厘米，中部以上有分枝；茎下部叶有长柄，多在花开时枯萎，中部及上部叶有短柄；叶掌状细裂，狭长型小裂片，被短柔毛；花序生于茎端或分枝枝顶；上部苞片呈线形，不分裂，下部苞片叶状；花梗长 0.7 ~ 2.8 厘米；萼片宽卵形，外面中部疏被短柔毛，白色、紫白或粉红白；花瓣有 3 裂，侧裂片与中裂片呈直角三角形展开；花药长约 1 毫米；蓇葖密被短柔毛，网脉稍微隆起；种子长约 2 毫米。

生长习性

喜光耐阴，环境适应性良好，喜湿润肥沃、排水良好的酸性土壤，常见于草地和山坡等地。

花期

花期可控，与栽种方式有关。

观赏价值

飞燕草花瓣形如蝉翼，开放时犹若燕子展翅，飘逸优雅，可丛植，亦可用来布置花坛、花境，或用作鲜切花。

其他用途

飞燕草的全草和种子可入药治疗牙痛，其茎叶的汁可杀虫。

茎上部多有分枝

花序生于茎端或分枝枝顶

花毛茛

别名：芹菜花、波斯毛茛、陆莲花

科属：毛茛科花毛茛属

分布：全国各地

形态特征

多年宿根草本花卉。块根纺锤形，常聚生在根颈部；株高 20 ~ 40 厘米；茎单生或有少数分枝，纤细直立，被毛；基生叶阔卵形，有长柄，茎生叶为二回三出羽状复叶，无柄，叶缘有钝锯齿；花单生或数朵簇生于茎顶，花直径长 3 ~ 4 厘米；花梗长，自叶腋中抽出；花冠丰满，花瓣错落层叠，向外平展，重瓣或半重瓣，花色丰富艳丽，有白、红、橙、黄、紫、大红和水红等色。

生长习性

喜凉爽，忌炎热，怕湿忌旱，喜疏松肥沃、排水良好的中性或偏碱性土壤。

花期

4 ~ 5 月。

观赏价值

花毛茛花茎挺立，玲珑秀美，花大色艳，花瓣紧凑，层层累叠，光洁艳丽，是理想的鲜切花材料。在春季开花，且花期长，可植于花坛或用来点缀草坪，是优良的环境美化植物。

其他用途

花毛茛可食用，营养物质含量丰富，味道清新可口，是一种营养价值极高的食材，能补充人体所需的多种营养物质。

花单生或数朵簇生于茎顶

花瓣错落层叠，向外平展

花容丰满秀丽，是极为理想的鲜切花材料

花梗长，自叶腋抽出

花毛茛花茎挺立，玲珑秀美，可植于花坛或用来点缀草坪

大火草

别名： 野棉花、大头翁

科属： 毛茛科银莲花属

分布： 四川、青海、甘肃、陕西、湖北、河南及河北

形态特征

多年生草本植物。株高 40 ~ 150 厘米，根状茎粗壮；基生叶 3 ~ 4 枚，为三出复叶，有时其中 1 ~ 2 枚为单叶，小叶片为卵形至三角状卵形，顶端急尖，基部浅心形或圆形，叶缘有不规则小裂片或锯齿，叶面有糙伏毛，叶背密被白色绒毛；花葶粗 3 ~ 9 毫米；聚伞花序有 2 ~ 3 回分枝；苞片 3 枚，与基生叶相似；花梗被短绒毛；萼片 5 枚，倒卵形、宽倒卵形或宽椭圆形，白色或淡粉色；雄蕊长及萼片的 1/4；心皮长 1 毫米左右；聚合果球形；瘦果有细柄，密被绵毛。

生长习性

喜阳光直曝，在半日光照条件下亦能良好开花。耐干旱，畏水涝，耐寒，不择土壤，盆栽时自然矮化，且花序略小。

花期

7 ~ 10 月。

观赏价值

大火草适应性良好，花端庄秀雅，花期长，常大面积植于草坪、草坡或林缘，也可用来布置花境。

其他用途

大火草的根茎可入药，有化痰、截疟、散淤、杀虫的功效，可治疗疟疾、痢疾、顽癣、小儿疳疾和跌打损伤等病症。

聚伞花序有 2 ~ 3 回分枝

花梗长 3.5 ~ 6.8 厘米，被短绒毛

耧斗花

别名：西洋耧斗菜

科属：毛茛科耧斗菜属

分布：国内部分地区

形态特征

多年生草本植物。株高 50 ~ 70 厘米，茎直立；二回三出复叶，小叶菱状倒卵形或宽菱形，叶面无毛，叶背疏被短柔毛，叶缘有圆齿；花下垂，花冠漏斗状，花瓣 5 枚，常为白色或深蓝紫色，其他品种花色有不同；萼片 5 枚，与花瓣同色；雄蕊 5 枚，雌蕊 1 枚；花柱柱头有 5 裂；蓇葖果深褐色。

生长习性

喜温暖湿润的环境，适宜在富含腐殖质且排水良好的沙壤土中生长。对空气湿度要求高，夏季需要在半阴环境下生长。

花期

4 ~ 6 月。

观赏价值

耧斗花花奇叶美，酷似古代一种名为“爵”的酒具，别致雅观，多用来布置花坛和花径，也可用作鲜切花。耧斗花亦是布置岩石园和自然园林的优良花卉。

其他用途

耧斗花的根含有的糖分能酿酒或制作饴糖；其种子榨出的油可供工业用。

花冠漏斗状，花瓣 5 枚

萼片 5 枚，与花瓣同色

银莲花

别名： 毛蕊银莲花、毛蕊茛莲花、华北银莲花

科属： 毛茛科银莲花属

分布： 山西、河南、河北

形态特征

多年生草本植物。株高 15 ~ 40 厘米；基生叶 4 ~ 8 枚，叶长 2 ~ 2.5 厘米，宽 4 ~ 9 厘米，叶片圆肾形，偶有圆卵形，叶 3 全裂，裂片稍覆压，中央裂片宽菱形或菱状倒卵形，无柄或有短柄，二回裂片有浅裂，末回裂片卵形或狭卵形，侧全裂片斜扇形，叶两面无毛或疏生柔毛；叶柄长 6 ~ 30 厘米；花葶无毛或疏生柔毛；苞片约有5枚，不等大，倒卵形或菱形，无柄；伞辐长2 ~ 5 厘米，无毛或疏生柔毛；花单生于枝顶，花瓣5 ~ 6 枚，倒卵形或狭倒卵形，顶端圆形或钝，白色或带粉红色；雄蕊长 5 毫米左右，花药狭椭圆形；瘦果扁平，近圆形或呈宽椭圆形。

生长习性

喜光照充足、湿润凉爽的环境，能耐寒，忌高温和积水，要求土壤湿润肥沃，排水性能好。

花期

4 ~ 7月。

观赏价值

银莲花硕大娇美，花开艳丽，广泛用于室内和庭院装饰。

其他用途

银莲花可入药，有镇痛、抗炎、抗肿瘤等功效。

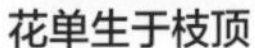

花单生于枝顶

花瓣倒卵形或狭倒卵形，顶端圆形或钝

白头翁

别名：羊胡子花、老冠花、将军草、大碗花

科属：毛茛科白头翁属

分布：除华南地区外的其他各地区

形态特征

多年生草本植物。植株高 15 ~ 35 厘米；有基生叶 4 ~ 5 枚，叶为宽卵形，长 4.5 ~ 14 厘米，宽 6.5 ~ 16 厘米，3 全裂，中裂片宽卵形，有 3 深裂，侧全裂片有不等 3 深裂，叶面无毛，叶背有长柔毛；叶柄长 7 ~ 15 厘米，密被长柔毛；花葶被柔毛；苞片 3 枚，基部合生成筒，有 3 深裂，裂片线形，密被长柔毛；花梗长 2.5 ~ 5.5 厘米；花直立，花瓣为长圆状卵形，蓝紫色，背面密被柔毛；雄蕊长约萼片的一半；聚合果直径 9 ~ 12 厘米；瘦果纺锤形，有长柔毛。

生长习性

喜干燥凉爽的气候，耐寒、耐旱，不耐高温，忌积水，适宜在土层深厚、排水良好的沙质土壤中生长。

花期

4 ~ 5 月。

观赏价值

白头翁花钟形，叶丛碧绿，植株矮小，是理想的地被植物，可配植于林间或灌丛中，或地植在花境、花坛中。

其他用途

白头翁有优良的药用价值，有凉血止痢、燥湿杀虫、明目等功效，主要用来治疗痢疾、痈疮、血痔、带下等症，注意虚寒泻痢者禁止服用。

株高 15 ~ 35 厘米，全株被柔毛

花瓣长圆状卵形，背面密被柔毛

天蓝绣球

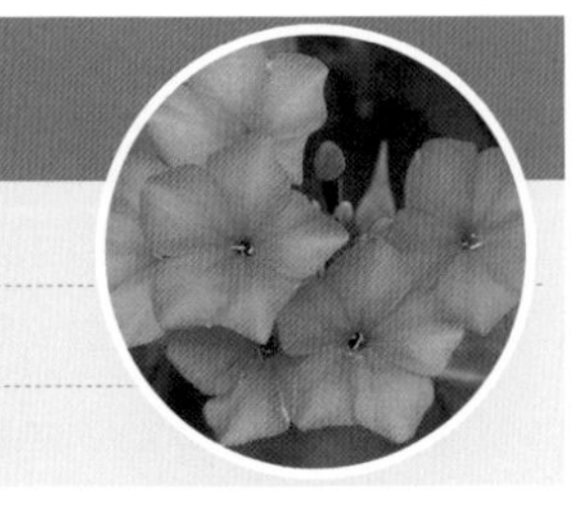

别名：锥花福禄考、草夹竹桃、福禄考

科属：花荵科天蓝绣球属

分布：全国各地

形态特征

多年生草本植物。茎直立粗壮，高 60 ~ 100 厘米，不分枝或上部有分枝，无毛或上部散生柔毛；叶交互对生，长 7.5 ~ 12 厘米，宽 1.5 ~ 3.5 厘米，呈长圆形或卵状披针形，顶端渐尖，基部渐狭呈楔形，两面均疏生短柔毛；有短柄或无柄；多花密集聚成伞房状圆锥花序；花萼呈筒状，萼裂片比萼管短，呈倒卵形，被柔毛或腺毛；花冠高脚碟状，花冠裂片呈倒卵形，向外平展；雄蕊与花柱等长；蒴果卵形，有 3 裂；种子多数，呈卵球形，有粗糙皱纹，黑色或褐色。

生长习性

喜温暖湿润、阳光充足的环境，耐寒，不耐干旱，适宜在疏松肥沃的中性或碱性土壤中生长。

花期

夏季。

观赏价值

天蓝绣球花姿幽雅，花色丰富，开放时犹如彤云朵朵，具有良好的观赏效果。

其他用途

天蓝绣球主要用于园林造景，可布置花坛、花境，也可盆栽欣赏或用作鲜切花。天蓝绣球亦可与其他露地宿根花卉配植，增色加彩，美化环境。

多花密集聚成伞房状圆锥花序

花冠呈高脚碟状

天蓝绣球开放时犹如彤云

秋海棠

别名：无名相思草、无名断肠草、八香、海花、秋花棠

科属：秋海棠科秋海棠属

分布：华中、华东、西南等地区

形态特征

多年生草本植物。茎直立，有分枝，近无毛；茎生叶互生，宽卵形至卵形，先端渐尖至长渐尖，基部心形，叶缘有浅齿，叶面褐绿色，叶背颜色较淡；托叶膜质，长圆形至披针形，先端渐尖，脱落早；花葶有纵棱；二歧聚伞状花序；花序梗长 4.5 ~ 7 厘米，基部有小叶；苞片长圆形；花被片 4 枚，外面 2 枚宽卵形或近圆形，内面 2 枚倒卵形至倒卵长圆形；雄蕊多数，花药倒卵球形；子房长圆形，花柱 3 枚，微合生或离生，柱头 2 裂，头状或肾状；蒴果下垂；种子多数，长圆形，淡褐色。

生长习性

喜温暖的生长环境，对光照敏感，强光下叶片易灼伤，适合在晨光或散射光下生长，喜欢排水良好、富含腐殖质的土壤。

花期

7 月开始开花。

观赏价值

秋海棠花形端秀雅致，柔美可人，是著名的观赏花卉之一，常栽种在花坛或草坪边缘作为点缀，亦可盆栽置于室内美化环境，清新幽雅。

其他用途

秋海棠全草可入药，有清热利水的功效，可用来治疗感冒。

花瓣倒卵形至倒卵状长圆形

二歧聚伞状花序，花多数

花被片 4 枚

大花马齿苋

别名：半支莲、松叶牡丹、龙须牡丹、金丝杜鹃、洋马齿苋、午时花

科属：马齿苋科马齿苋属

分布：全国各地

形态特征

一年生草本植物。株高 10 ~ 30 厘米；茎斜伸或平卧，多分枝，紫红色；叶密集生于枝端，叶片细圆柱形，顶端圆钝，无毛；叶柄短，几近无柄，叶腋有一撮白色长柔毛；花单生或数朵簇生在枝端；总苞苞片 8 ~ 9 枚，轮生，叶状，有白色长柔毛；萼片 2 枚，呈卵状三角形，顶端急尖，两面均无毛，淡黄绿色；花瓣倒卵形，瓣片 5 枚或重瓣，顶端微凹；雄蕊多数，花丝基部合生，紫色；花柱线形，与雄蕊等长，柱头有 5 ~ 9 裂；蒴果椭圆形；种子多数，细小，呈圆肾形，有珍珠光泽，表面有瘤状凸起。

生长习性

喜温暖、光照充足的环境，耐瘠薄，对土壤要求不高。

花期

6 ~ 9 月。

观赏价值

大花马齿苋向阳而开，中午达到最盛，花开如锦，甚是娇艳，常盆栽。

其他用途

可入药，有清热散淤、止痛消肿的功效，用于烫伤、疮疖肿毒、咽喉肿痛等症的治疗。

花瓣倒卵形

向阳而开，花开如锦似缎

重瓣花

单瓣花

茎斜伸或平卧，多分枝

报春花

别名：樱花草、晚景花

科属：报春花科报春花属

分布：西南部，其中云南最多

形态特征

二年生草本植物。株高 20 ~ 30 厘米，全株有细毛；叶多簇生，长 3 ~ 10 厘米，宽 2 ~ 8 厘米，呈卵形至椭圆形或矩圆形，基部截形或心形，叶缘有圆齿状浅裂，叶面无毛或疏被柔毛，叶背近于无毛，或有白粉；叶柄长 2 ~ 15 厘米，有狭翅；花葶高 10 ~ 40 厘米，从叶丛中抽出，被柔毛或无毛；伞状花序顶生；苞片线形或线状披针形；花梗长 1.5 ~ 4 厘米；花萼钟状，分裂达中部，裂片呈三角形，常有乳白色粉；花冠裂片呈阔倒卵形，先端有 2 裂，颜色丰富；蒴果球形。

生长习性

报春花是典型的暖温带植物，不耐高温和强光，喜欢富含腐殖质、排水良好的土壤。常生于海拔 1800 ~ 3000 米的林缘、旷地或沟边。

花期

2 ~ 5月。

观赏价值

报春花娇俏艳丽，色香诱人，是早春季节的常见观赏花卉，常盆栽置于室内，亦可用作鲜切花。

其他用途

报春花全草可入药，有止血、消肿的功效。

花葶从叶丛中抽出

伞状花序顶生

花冠裂片呈阔倒卵形，先端有 2 裂

仙客来

别名：兔耳花、一品冠、篝火花、翻瓣莲

科属：报春花科仙客来属

分布：全国各地

形态特征

多年生草本植物。块茎扁球形，直径长 4 ~ 5 厘米，棕褐色；叶从块茎顶部抽出，质地稍厚，长 3 ~ 14 厘米，呈心状圆卵形，叶缘有细圆齿，叶面深绿色，上常有浅色斑纹；叶柄长 5 ~ 18 厘米；花葶自块茎顶部抽出，高 15 ~ 20 厘米；花萼从基部分裂，裂片呈三角形或长圆状三角形；花冠玫瑰红色或白色，喉部深紫色，筒部半球形，裂片呈长圆状披针形，剧烈反折。

生长习性

喜温热，怕炎热，较耐寒，在富含腐殖质的肥沃沙质壤土中生长最好。

花期

12 月初到次年 5 月。

观赏价值

仙客来娇艳别致，色艳夺目，有的品种还能散发出香气，具有很高的观赏价值，深受人们的喜爱。宜盆栽，也可用作切花，是冬春季名贵的观赏花卉，在世界花卉中亦享有盛名。但家养时要注意不可误食和接触皮肤，因为仙客来有一定的毒性。

其他用途

仙客来市场需求量大，经济价值高。

仙客来娇艳别致，色艳夺目，具有很高的观赏价值

叶呈心状卵圆形，叶面常有浅色斑纹

花葶与叶俱从块茎顶部抽出

毛地黄

别名：洋地黄、自由钟、指顶花、金钟、心脏草

科属：玄参科毛地黄属

分布：全国各地

形态特征

一年生或多年生草本植物。株高 60 ~ 120 厘米，全株皆被灰白色短柔毛和腺毛；茎单生或丛生；基生叶多数呈莲座状，叶长 5 ~ 15 厘米，叶卵形或长椭圆形，先端钝或尖，基部渐狭，叶缘有短而尖的圆齿；茎生叶下部叶与基生叶同形，向上渐小；萼钟状，5 枚裂片到达基部，裂片呈矩圆状卵形；花冠紫红色，内面有斑点，裂片很短，先端有白色柔毛；蒴果卵形；种子短棒状，有蜂窝状网纹和极细的柔毛。

生长习性

耐寒耐旱，忌炎热，植株强健，耐贫瘠，更适宜在湿润疏松的土壤中生长。

花期

5 ~ 6 月。

观赏价值

毛地黄花似钟铃，花容丰满端正，美丽诱人，宜盆栽。毛地黄在园林中占有重要位置，常用于花坛、花境的布置。

其他用途

毛地黄可药用，是良好的强心药，主治慢性充血性心力衰竭。

花冠紫红色，内面有斑点

花似钟铃，花容端正丰满，美丽诱人

金鱼草

别名：龙头花、狮子花、龙口花、洋彩雀

科属：玄参科金鱼草属

分布：原产地中海沿岸地区，现世界各地均有栽培

形态特征

直立草本植物。枝株高可达 80 厘米，茎基部无毛，中上部有腺毛；下部叶对生，上部叶常互生，叶有短柄，叶片无毛，呈披针形至矩圆状披针形；总状花序顶生，密被腺毛；花萼 5 深裂，裂片为卵形，钝或急尖；花冠为筒状唇形，基部膨大成囊状，上唇直立宽大，2 半裂，下唇 3 浅裂，在中部向上唇隆起，封闭喉部，使花冠呈假面状；花色多样，有白、淡红、深红、肉色、深黄、浅黄、黄橙等多色；蒴果为卵形，长约 15 毫米，基部强烈向前延伸，上有腺毛，顶端孔裂。

生长习性

喜阳光，能耐半阴，较耐寒，不耐酷暑。

花期

6 ~ 10 月。

观赏价值

金鱼草花色艳丽，非常适合观赏。适合群植于花坛、花境，与百日草、矮牵牛、万寿菊、一串红等配置效果尤佳。

其他用途

金鱼草也是一味中药，具有清热解毒、凉血消肿的功效。也可榨油食用，营养健康。

叶片为长圆状披针形

花色多样

总状花序

钓钟柳

别名：象牙红

科属：玄参科钓钟柳属

分布：国内部分地区

形态特征

多年生常绿草本植物。株高15～45厘米，茎光滑，稍被白粉；叶对生，基生叶卵形，茎生叶披针形，叶缘有细锯齿；花单生或3～4朵聚生在叶腋或总梗上，呈不规则的总状花序；花呈白色、紫色、紫红色或玫瑰红色，有白色条纹；花冠筒唇形，上唇2裂，下唇3裂，花略下垂。

生长习性

喜阳光充足、通风良好、空气湿润的环境，不耐寒，稍耐半阴，忌干燥炎热，对土壤要求较高，必须是疏松肥沃且含石灰石的沙质土壤，忌酸性土壤。

花期

5～6月或7～10月。

观赏价值

钓钟柳株秀叶美，四季常绿，花呈唇形，美丽独特，且花色丰富，适宜与其他宿根花卉配植，形成极富特色的色彩景观，也可盆栽欣赏。

其他用途

钓钟柳的花朵可以食用，有淡淡的甜味，能促进食欲。

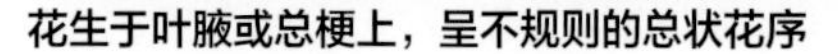

花生于叶腋或总梗上，呈不规则的总状花序

花冠筒唇形，上唇2裂，下唇3裂

花烟草

别名：长花烟草、大花烟草

科属：茄科烟草属

分布：哈尔滨、北京、南京等地

形态特征

多年生草本植物。株高 0.6 ~ 1.5 米，全株有黏毛；茎部叶铲形或矩圆形，基部稍抱茎或有翅状柄，上部叶卵形或卵状矩圆形，近无柄或基部有耳，近花序叶呈披针形；花序假总状式，花疏生；花梗长 5 ~ 20 毫米；花萼钟状或杯状，花萼裂片不等长，呈钻状针形；花冠筒长 5 ~ 10 厘米，喉部直径 6 ~ 8 毫米，檐部宽 15 ~ 25 毫米，裂片卵形，短尖；雄蕊不等长，有一枚较短；蒴果卵球状；种子小，灰褐色。

生长习性

喜向阳、温暖的环境，耐干旱，不耐寒，不挑土壤，只要土壤的营养不是太过匮乏便可满足其生长条件。

花期

盛花期 6 ~ 8 月。

观赏价值

花烟草简单可爱，自然清新，颇具野趣，适宜栽种在花坛、庭院、路边和林带边缘，也可盆栽。

其他用途

花烟草盆栽置于室内，能净化室内空气。

花冠裂片卵形，短尖

全株有黏毛

矮牵牛

别名：毽子花、灵芝牡丹、爱喇叭、番薯花、撞羽朝颜

科属：茄科碧冬茄属

分布：南北各地区

形态特征

多年生草本植物。株高 15 ~ 80 厘米，有丛生和匍匐两种类型；叶互生或对生，呈椭圆形或卵形；花单生，花冠喇叭状，花瓣边缘有平瓣、波状瓣或锯齿状瓣，花色多样，有白色、红色、紫色等色；蒴果；种子极小。

生长习性

长日照植物，喜温暖、阳光充足的环境，不耐霜冻和雨涝，适宜在疏松肥沃和排水好的沙壤土中种植。

花期

4 ~ 10 月，南方地区甚至可以全年开花。

观赏价值

矮牵牛开放时花朵繁盛、花色鲜艳，是点缀花坛的优良花卉，被广泛用于花槽装饰、窗台点缀和景点布置等，还可用作鲜切花。

其他用途

矮牵牛的种子可入药，有利尿消肿、泄下、驱虫的作用，能有效治疗水肿、肾炎和消除面部雀斑。矮牵牛亦可用来送人，其温馨美好的花语特别适合送给家人、朋友或者爱人，但要注意矮牵牛颜色的选择。

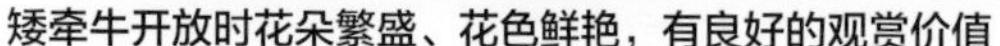

矮牵牛开放时花朵繁盛、花色鲜艳，有良好的观赏价值

平瓣

波状瓣

锯齿状瓣

花被裂 5 片

曼陀罗

别名：醉心花、狗核桃、枫茄花等

科属：茄科曼陀罗属

分布：全国各地

形态特征

草本或半灌木状植物。株高 0.5 ~ 1.5 米，全株平滑或在幼嫩部分有短柔毛；茎圆柱形，粗壮，下部木质化；叶呈广卵形，顶端渐尖，基部呈不对称楔形，叶缘有不规则波状浅裂；花直立，单生在枝杈或叶腋；花萼筒状，筒部有 5 棱角，基部膨大；花冠漏斗状，下半部绿色，上半部白色或淡紫色，檐部 5 浅裂，裂片有短尖头；雄蕊不伸出花冠，花药长约 4 毫米；子房密被柔针毛，花柱长 6 厘米左右；蒴果直立，呈卵状，表面有硬针刺或无刺，成熟后规则 4 瓣裂；种子稍扁，卵圆形。

生长习性

喜温暖、向阳的环境和排水性能好的沙质土壤。

花期

6 ~ 10 月。

观赏价值

曼陀罗艳丽妖娆、高贵神秘，可植于园林，也可栽种在庭院中。但曼陀罗有毒，可致幻致癌，因此不宜植于室内，以免造成不良影响。

其他用途

曼陀罗花可入药，主治脸上生疮、大肠脱肛、小儿慢惊等症，还可用作麻醉药。但曼陀罗花有毒，用之不当，可能引起中毒、昏迷甚至死亡。

花直立，花冠漏斗状，檐部有 5 浅裂，裂片有短尖头

蒴果呈卵状，表面有硬针刺或无刺

叶广卵形，叶缘有不规则波状浅裂

鹤望兰

别名：天堂鸟、极乐鸟花

科属：旅人蕉科鹤望兰属

分布：南北地区，南方多露天栽培，北方多温室栽培

形态特征

多年生草本植物。无茎；叶长 25 ~ 45 厘米，宽约 10 厘米，长圆状披针形，顶端急尖；叶柄细长；总花梗上有花数朵，下托有一佛焰苞；佛焰苞长 20 厘米左右，呈舟状，绿色，边缘紫红色；萼片披针形，橙黄色；花瓣箭头状，基部有耳状裂片，和萼片几乎等长，暗蓝色；雄蕊与花瓣等长，花药狭线形；花柱突出，柱头 3。

生长习性

热带长日照植物，喜温暖湿润、阳光充足的生长环境，忌寒畏热，忌旱忌涝，要求土壤疏松肥沃、排水良好。

花期

冬季。

观赏价值

鹤望兰株形高雅别致，花形似鹤展翅起舞，花期长，多用来插花，是室内观赏的理想花卉。鹤望兰还可植于院角，或用于花坛和花境的造景。

其他用途

鹤望兰常被认为是自由和幸福的象征，是走亲访友常见的馈赠花卉，以此来表达美好的祝愿。

总花梗上有花数朵

佛焰苞长 20 厘米左右，呈舟状

花瓣暗蓝色，箭头状

马利筋

别名： 莲生桂子花、芳草花、金凤花、尖尾凤

科属： 萝藦科马利筋属

分布： 贵州、四川、湖南、广东、广西、福建、云南及台湾等地区

形态特征

多年生直立草本植物。株高 80 厘米左右，茎无毛或微被毛，淡灰色；叶膜质，长 6 ~ 14 厘米，宽 1 ~ 4 厘米，披针形至椭圆状披针形，顶端急尖或短渐尖，基部楔形，无毛或脉上被微毛，叶上每边约有 8 条侧脉；叶柄长 0.5 ~ 1 厘米；聚伞花序顶生或腋生，着花 10 ~ 20 朵；花萼裂片呈披针形；花冠紫红色，裂片长圆形，反折；副花冠黄色，5 裂，裂片匙形，内有舌状片；花粉块下垂，有紫红色粉腺；蓇葖披针形，两端渐尖；种子卵圆形，顶端有白色绢质种毛。

生长习性

阳性植物，喜通风向阳、温暖干燥的生长环境，不耐霜冻和干旱，不择土壤，但要求土壤肥沃湿润。

花期

全年。

观赏价值

马利筋花玲珑可爱，可庭植、盆栽或用作鲜切花。

其他用途

马利筋性味苦寒，有活血止血、清热解毒的功效，主治支气管炎、扁桃体炎、咽喉肿痛、月经不调等多种病症。但要注意马利筋本身有毒性，使用时要注意用量。

茎淡灰色，无毛或微被毛

聚伞花序顶生或腋生

花冠裂片长圆形，副花冠 5 裂

梭鱼草

别名：海寿花、北美梭鱼草

科属：雨久花科梭鱼草属

分布：全国各地

形态特征

多年生草本植物。株高 80 ~ 150 厘米；叶片大，长 25 厘米左右，宽 15 厘米左右，叶形多变，多为倒卵状披针形，深绿色；叶柄圆筒形，绿色；穗状花序顶生，小花密集多达 200 朵或更多；花为蓝紫色带有黄色斑点；花被裂 6 片，裂片近圆形，基部连接为筒状；果成熟后呈褐色，果皮坚硬；种子椭圆形。

生长习性

喜温暖湿润、阳光充足的环境，怕风，不耐寒，适宜在 20 厘米以下的水域中生长。

花期

5 ~ 10 月。

观赏价值

梭鱼草花色迷人，叶色翠绿，紫花与绿叶相互交映，别有情趣，可盆栽、池栽，或与其他花卉搭配种植，具有良好的观赏效果。

其他用途

梭鱼草对水质有很强的净化作用，能分解水中的多种有害物质，并能吸收水中的重金属物质，因此在水源污染比较严重的地方种植梭鱼草能在一定程度上净化水质，起到保护环境的作用。

穗状花序顶生，小花密集多达 200 朵或更多

叶片大，深绿色，多为倒卵状披针形

湿生草本植物，具有良好的观赏价值

第二章

藤本植物

藤本植物又名攀缘植物，该类植物茎细长柔软，只能攀附其他物体或匍匐于地面生长，根据茎的质地又可分为木质藤本（如紫藤、葡萄等）和草质藤本（如牵牛、铁线莲等）。根据其攀缘方式，可分成缠绕藤本、吸附藤本、卷须藤本和攀缘藤本。其中观花类藤本植物花开满枝，能营造出热闹绚烂的环境效果，常用来打造花墙、花架、花海等极富观赏性的景观。

牵牛

别名： 牵牛花、喇叭花、筋角拉子、大牵牛花、勤娘子、朝颜、碗公花

科属： 旋花科牵牛属

分布： 除西北和东北一部分省份外的其余各地区

形态特征

一年生缠绕草本植物。茎上有短柔毛或长硬毛；叶长 4 ~ 15 厘米，宽 4.5 ~ 14 厘米，呈宽卵形或近圆形，有深或浅的 3 裂或 5 裂，中裂片长圆形或卵圆形，顶端渐尖或骤尖，侧裂片较短，呈三角形，裂口圆或锐，叶基部圆心形，叶面有微硬的柔毛；叶柄长 2 ~ 15 厘米；花腋生，常 1 ~ 2 朵着生在花序梗顶端；苞片叶状或线形，上有开展的微硬毛；小苞片呈线形；萼片披针状线形，外面有开展的刚毛；花冠蓝紫色或紫红色，呈漏斗状；雄蕊不等长，花丝基部有柔毛，花柱柱头头状，雄蕊与花柱藏于内部；蒴果近球形；种子卵状三棱形，米黄色或黑褐色，有褐色短绒毛。

生长习性

喜阳光充足、温暖凉爽的环境，能耐半阴和暑热，但不耐霜冻，在疏松肥沃的土壤里生长良好。

花期

6 ~ 10 月。

观赏价值

牵牛花形似喇叭，娇俏色艳，具有很高的观赏价值，主要用来美化环境。

其他用途

牵牛的种子可入药，有祛斑、逐痰、杀虫、泻水利尿等功效。

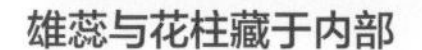

雄蕊与花柱藏于内部

缠绕草本植物

花腋生

花形似喇叭，娇俏色艳，具有很高的观赏价值

茎上有倒向的短柔毛或长硬毛

茑萝花

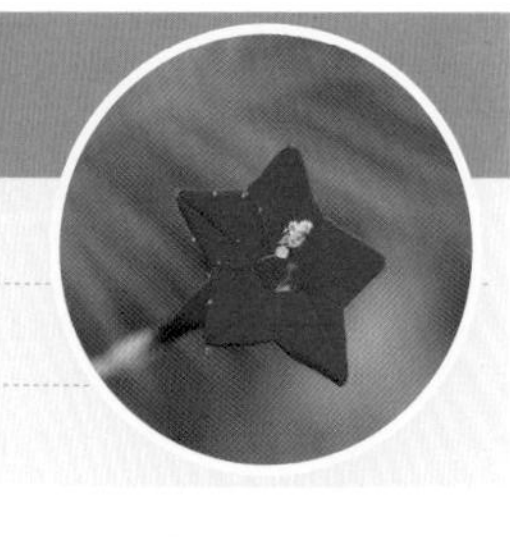

别名： 羽叶茑萝、游龙草、锦屏封、五角星花、茑萝松、绕龙草

科属： 旋花科茑萝属

分布： 全国各地

形态特征

一年生缠绕草本植物。蔓柔软无毛，有极强的攀缘能力；叶长 2 ~ 10 厘米，宽 1 ~ 6 厘米，呈卵形或长圆形，羽状深裂至中脉，有 10 ~ 18 对平展的线形至丝状的细裂片，裂片先端锐尖；叶柄长 8 ~ 40 毫米，基部常有假托叶；聚伞花序腋生；总花梗长 1.5 ~ 10 厘米；花柄长 9 ~ 20 毫米，果期增厚呈棒状；萼片比花柄短，呈椭圆形至长圆匙形，先端钝且有小凸尖；花冠深红色，呈高脚碟状，花冠管柔弱，上部膨大，冠檐开展，有 5 个浅裂；雄蕊与花柱伸出花冠外，花丝基部有毛；蒴果卵形；种子黑褐色，卵状长圆形。

生长习性

喜光照充足、温暖湿润的环境，能耐贫瘠。

花期

7 ~ 10 月。

观赏价值

茑萝花枝蔓柔软纤细，花若红星，细致动人，花叶俱美，是制作花门、花墙、花篱、花窗以及花架的优良攀缘植物，还可以盆栽置于室内，皆有良好的装饰效果。

其他用途

茑萝可入药，有清热消肿的功效，能治疗痔瘘和耳疔等病症。

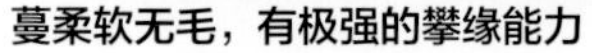

蔓柔软无毛，有极强的攀缘能力

花似红星，雄蕊与花柱伸出花冠外

金银花

别名： 金银藤、二色花藤、二宝藤、子风藤、鸳鸯藤、忍冬、银藤

科属： 忍冬科忍冬属

分布： 全国各省，主要集中在山东、陕西、河南、河北、江西等地

形态特征

多年生半常绿藤本植物。藤褐色至赤褐色，密被毛；叶纸质，卵形至矩圆状卵形，顶端尖，基部圆形或近心形，叶面深绿色，叶背淡绿色；叶柄长4～8毫米；花梗常单生于小枝上部叶的叶腋；苞片叶状，卵圆形至椭圆形；小苞片顶端截形或圆形；萼筒无毛，萼齿呈长三角形或卵状三角形，外面和边缘皆被密毛；花冠唇形，上唇裂片顶端钝形，下唇带状，花色先白后黄；雄蕊与花柱伸出花冠；果实球形，有光泽，成熟时蓝黑色；种子褐色，呈卵圆形或椭圆形。

生长习性

适应性很强，对土壤要求不严，但更适宜在土层深厚、湿润肥沃的沙质土壤中生长。

花期

4～6月。

观赏价值

金银花一花两色，别致有趣，香气馥郁，沁人心脾，而且其攀缘能力和适应能力极强，是制作花墙、花廊、花栏、花架等的理想花卉，也可植于林下或林缘作地被植物。

其他用途

金银花入药可治疗温病发热、热毒痈疡等病症。而且经研究发现，金银花能有效抑制溶血性链球菌和上呼吸道感染致病等病毒，临床应用广泛。

头状花序顶生

花瓣常为卵形

叶纸质

紫藤

别名：朱藤、招藤、招豆藤、藤萝

科属：豆科紫藤属

分布：全国各地均有栽培，其中以华北地区为盛

形态特征

落叶藤本植物。枝粗壮，嫩枝有白色柔毛，后秃净；基数羽状复叶，小叶 3 ~ 6 对，卵状椭圆形至卵状披针形，先端渐尖至尾尖，基部楔形或钝圆，叶两面有平伏毛，后秃净；总状花序从短枝的腋芽或顶芽抽出，长 15 ~ 30 厘米；花序轴被白色柔毛；苞片披针形；花萼杯状，密被细绢毛；花冠紫色或白色，旗瓣圆形，顶端稍凹陷，花开后反折，翼瓣长圆形，龙骨瓣阔镰形；子房线形，花柱上弯；荚果倒披针形，悬垂在枝上不脱落；种子圆形，褐色，有光泽。

生长习性

暖温带及温带植物，适应性强，不挑土壤，但适宜在土层深厚、向阳避风的地方生长。

花期

4 月中旬至 5 月上旬。

观赏价值

紫藤花开时串串花序悬垂，紫花烂漫，可植于庭院，亦可盆栽造景，在园林造景中常让其攀绕棚架生长，繁花满树，异常壮观。

其他用途

紫藤的花可食，可制成饼、糕、粥等营养膳食，清香味美。紫藤的茎皮、花和种子可入药，有止痛、杀虫的功效，可治疗风痹痛、蛲虫病等症，而且还能提炼出芳香油。

基数羽状复叶

总状花序从腋芽或枝顶抽出

花开时串串花序悬垂，紫花烂漫

禾雀花

别名： 白花油麻藤、鸡血藤、雀儿花

科属： 豆科黧豆属

分布： 贵州、四川、江西、广东、广西、福建等省区

形态特征

常绿木质藤本植物。老茎灰褐色，幼茎有纵沟槽，无毛或节间有伏贴毛；羽状复叶有 3 枚小叶，近革质，顶生叶长而狭，基部圆形或稍楔形，侧生小叶两面无毛或疏生短毛，有 3 ~ 5 条侧脉；总状花序顶生或腋生，有花 20 ~ 30 朵，常呈束状；苞片卵形，早落；花梗长 1 ~ 1.5 厘米，有暗褐色伏贴毛；花萼内外皆密被浅褐色伏贴毛，萼筒宽杯状；花冠白色或带有绿色，旗瓣长 3.5 ~ 4.5 毫米，先端圆，基部耳长 4 毫米，翼瓣长 6.2 ~ 7.1 厘米，先端圆，龙骨瓣长 7.5 ~ 8.7 厘米；雄蕊管长 5.5 ~ 6.5 厘米；果木质，念珠状，密被红褐色短绒毛；种子深紫黑色，近肾形，有光泽。

生长习性

性强健，耐阴耐旱，忌严寒，喜温暖湿润的环境。

花期

3 ~ 5 月。

观赏价值

禾雀花开放时繁花似锦，成串吊挂，花形独特，常用作大型棚架、露地餐厅或亭廊的顶面绿化，也可与叠石、假山相配，颇有野趣。

其他用途

禾雀花可食，味道甘甜可口，可煎炒或熬汤。禾雀花的茎可入药，有补血、强筋骨、通经络的功效。

总状花序束状，有花 20 ~ 30 朵

花冠白色或带有绿色

凌霄

别名：紫葳、五爪龙、红花倒水莲、上树龙、藤萝花、堕胎花

科属：紫葳科紫葳属

分布：长江流域以及山东、河北、河南、陕西、广东、福建等地

形态特征

藤本植物。茎木质，枯褐色，以气生根攀附在其他物体之上；叶对生，为奇数羽状复叶，有小叶7～9枚，叶长3～6厘米，宽1.5～3厘米，呈卵形至卵状披针形，顶端渐尖，基部阔楔形，叶缘有粗锯齿，两面均无毛，侧脉6～7对；短圆锥花序在顶端疏生，花序轴长15～20厘米；花萼钟状，分裂至中部，裂片呈披针形；花冠裂片半圆形，内里鲜红色，外部橙黄色；雄蕊着生在花冠筒基部，花丝线形，花药黄色；花柱线形，柱头扁平，有2裂；蒴果顶端钝。

生长习性

喜光照充足、温暖的环境，要求土壤深厚肥沃。

花期

5～8月。

观赏价值

凌霄花形似漏斗，色彩鲜艳，花期长，是优良的园林花卉之一，可以用来编制各种图案，还可以制成悬垂盆景，实用又美观。

其他用途

凌霄可入药，有凉血祛风、行血祛淤的功效，可用于闭经、风疹发红、痤疮、皮肤瘙痒等病症的治疗。

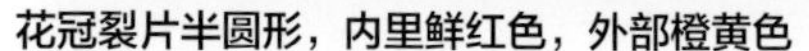

花冠裂片半圆形，内里鲜红色，外部橙黄色

短圆锥花序在顶端疏生

蒜香藤

别名： 紫铃藤、张氏紫葳

科属： 紫葳科蒜香藤属

分布： 华南地区

形态特征

常绿攀缘性藤本植物。植株蔓性，有卷须；三出复叶对生，小叶长 7 ~ 10 厘米，宽 3 ~ 5 厘米，呈椭圆形，深绿色，有光泽，顶端小叶常脱落或呈卷须状，叶揉搓后有蒜香味；圆锥花序腋生；花冠呈筒状，花瓣有 5 裂，花紫红色至白色；蒴果扁平，呈长线形，长约 15 厘米。

生长习性

喜阳光充足、温暖湿润的环境，以全日照环境为最佳，生长适温为 18 ~ 28 摄氏度，不挑土壤。

花期

从春季开放到秋季，其中以 9 ~ 10 月最为旺盛。

观赏价值

蒜香藤开放时繁茂无比，花朵团团簇拥，色艳娇丽，极富观赏价值，可用来美化凉亭、制作花墙和花廊。

其他用途

蒜香藤的根、茎、叶可入药，对发热、伤风、咽喉肿痛等疾病有一定的治疗作用。其中，蒜香藤的叶和花中含有的二烯丙基二硫醚具有良好的抗氧化活性，能抑制人体内的肝癌细胞，并延缓衰老。

植株蔓性

花冠呈筒状，开口有 5 裂

圆锥花序腋生

炮仗花

别名：鞭炮花、黄鳝藤

科属：紫葳科炮仗藤属

分布：广东、广西、福建、云南、海南、台湾等地

形态特征

藤本植物。茎上有三叉丝状的卷须；叶对生，有小叶 2 ~ 3 枚，叶长 4 ~ 10 厘米，宽 3 ~ 5 厘米，卵形，顶端渐尖，基部近圆形，两面均无毛，叶背有极小的腺穴；小叶柄长 5 ~ 20 毫米；圆锥花序着生在侧枝的顶端；花萼钟状，有 5 齿；花冠筒状，基部收缩，裂片 5 枚，裂片长椭圆形，花开时反折，橙红色，边缘有白色短柔毛；雄蕊着生在花冠筒中部，花丝丝状，花药叉开；花柱细，花柱与花丝均伸出花外；果瓣舟状，内有种子多列；种子薄膜质，有翅。

生长习性

喜向阳的生长环境和湿润肥沃的酸性土壤。

花期

1 ~ 6 月。

观赏价值

炮仗花状如鞭炮，花开时橙红色的花朵累累成串，多植于棚架、花门或庭院旁；也可制作成花墙或在阳台上悬垂。某些矮化品种还可以盆栽。

其他用途

炮仗花的花和叶可入药，有清热利咽、润肺止咳的功效，主要治疗咽喉肿痛和肺痨。

花形如鞭炮，花开时花朵累累成串

叶卵形，顶端渐尖，基部近圆形

圆锥花序着生在侧枝的顶端

珊瑚藤

别名： 紫苞藤、朝日蔓、旭日藤

科属： 蓼科珊瑚藤属

分布： 广州、海南、厦门、台湾等地

形态特征

半落叶藤本植物。地下根块状；茎先端卷须状，长达 10 米；单叶互生，叶纸质，长 6 ~ 14 厘米，卵形至矩圆形，顶端渐尖，基部心形，叶全缘微有波浪状起伏，有明显的网脉；总状花序腋生或顶生，花序轴部延伸成卷须，花多数密生成串；花由 5 枚似苞片的花瓣组成，白色或淡红色；瘦果圆锥状，上部有三棱，褐色，宿存于萼。

生长习性

喜向阳、湿润的环境，喜高温，稍能耐寒，适宜在富含腐殖质且排水良好的酸性土壤中生长。

花期

3 ~ 12 月。

观赏价值

珊瑚藤的花有微香，开放时繁花满枝，色彩艳丽夺目，甚是美丽，是夏季难得的观赏花卉，既可植于花架或绿荫棚下，也可栽种在花坛内或盆栽。珊瑚藤还是良好的切花材料，可插花或用来制作花篮。

其他用途

珊瑚藤的块根可食用。

茎先端卷须状

花由 5 枚似苞片的花瓣组成

叶纸质，呈卵状心形

铁线莲

别名：铁线牡丹、番莲、山木通、威灵仙、金包银

科属：毛茛科铁线莲属

分布：江西、湖南、广东、广西

形态特征

草质藤本。茎紫红色或棕色，节部膨大，疏被短柔毛；二回三出复叶，小叶片为狭卵形至披针形，顶端钝尖，基部阔楔形或圆形，叶缘偶有分裂，两面均无毛；叶柄长 4 厘米；花单生于叶腋；花梗长 6 ~ 11 厘米；苞片卵状三角形或宽卵圆形；花向外开展，直径约 5 厘米，品种多样，颜色丰富；萼片 6 枚，呈匙形或倒卵圆形，顶端较尖，基部渐狭，内无毛，外密被绒毛；雄蕊紫红色，花丝宽线形，花药侧生，呈长方矩圆形；花柱短，柱头膨大呈头状，微有 2 裂；瘦果扁平，呈倒卵形。

生长习性

耐寒，忌积水，喜欢疏松肥沃的碱性土壤。

花期

1 ~ 2 月。

观赏价值

铁线莲形似荷花，清丽高雅，且有芳香，是绿化中常见的攀缘性植物，可植于窗前、墙边或依附在花架、棚架、拱门之上，也可盆栽欣赏。有些品种还可用作鲜切花。

其他用途

铁线莲的根和全草可入药，有利尿、解毒、通络、理气通便的功效，主要用来治疗小便不利、便秘、腹胀、风火牙痛、风湿性关节炎等病症。

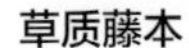

草质藤本

花向外开展，直径约 5 厘米

铁线莲形似荷花，清丽高雅

绣球藤

别名： 川木通、铁线牡丹、回龙草、三角枫

科属： 毛茛科铁线莲属

分布： 西藏南部、贵州、四川、湖南、江西、河南、安徽、台湾

形态特征

木质藤本。茎圆柱形，有纵条纹；小枝先有短柔毛，后无毛，外皮老时剥落；三出复叶，小叶片长 2 ~ 7 厘米，宽 1 ~ 5 厘米，呈卵形、宽卵形至椭圆形，顶端有 3 裂，叶缘有缺刻状锯齿，两面均有短柔毛；花数朵与叶簇生；花瓣 4 枚，长圆状倒卵形至倒卵形，白色或外带淡红色，内无毛，外有短柔毛；雄蕊多数且无毛；瘦果扁而无毛，卵形或卵圆形。

生长习性

常生于海拔 2200 ~ 3900 米的山谷、灌丛、山坡、林边或沟旁。

花期

4 ~ 6 月。

观赏价值

绣球藤花大而不失秀美雅致，是制作花墙、花篱和美化棚架的理想花卉。

其他用途

绣球藤的茎藤可入药，有活血通经、利水通淋、通关顺气的功效，主要用来治疗月经不调、乳汁不通、肾炎水肿、小便涩痛、口舌生疮等症。孕妇忌用。

花瓣片 4 枚，长圆状倒卵形至倒卵形

简单淡雅，多用来制作花墙和花篱

花为白色或外带淡红色

西番莲

别名： 受难果、转心莲、转枝莲、洋酸茄花、时计草

科属： 西番莲科西番莲属

分布： 广西、江西、云南、四川等地

形态特征

草质藤本。茎圆柱形，微有棱角，略有白粉；叶纸质，长 5 ~ 7 厘米，宽 6 ~ 8 厘米，基部心形，有掌状 5 深裂；托叶肾形，抱茎；聚伞花序与卷须对生，会退化仅存一花；苞片宽卵形；萼片 5 枚，外面淡绿色；花大，花瓣 5 枚，与花萼几乎等长；外副花冠有 3 轮裂片，呈丝状，外轮与中部裂片顶端天蓝色，中部白色，下部紫红色，内轮裂片丝状，顶端有白紫红色的头状体，下部淡绿色；内副花冠裂片流苏状，紫红色；花盘高 1 ~ 2 毫米；雄蕊 5 枚，花丝分离，花药长圆形；花柱 3 枚，柱头肾形，紫红色；浆果卵球形至近圆球形；种子多数。

生长习性

喜光照足，温暖的环境，适应性强，不择土壤，但更适宜在土层深厚、疏松肥沃的土壤里生长。

花期

5 ~ 7 月。

观赏价值

西番莲花形奇特，果实饱满，是一种理想的花果共赏植物。

其他用途

西番莲果实可食，营养丰富，味道酸甜可口，适合加工制成果露、果酱、果汁等。西番莲的根、茎、叶入药有降脂降压、消炎止痛、活血强身的功效。

聚伞花序与卷须对生，会退化仅存一花

叶子中间裂片比两侧裂片大，呈卵状长圆形

浆果卵球形至近圆球形

外副花冠顶端天蓝色，中部白色，下部紫红色

花柱 3 枚，柱头肾形，紫红色

第三章

灌木植物

灌木是指那些主干不明显、比较矮小或者呈丛状生长的树木，一般是阔叶植物，也有的是针叶植物。其枝条一般直立、拱垂、蔓生、攀缘，或在根茎处丛生，常见的灌木有玫瑰、映山红、牡丹等。在园林绿化中，灌木常可代替草坪成为地被覆盖植物，或代替花草形成色块和各种图案，应用广泛，在园林造景中有着不可替代的作用。

玫瑰

别名：徘徊花、刺玫花

科属：蔷薇科蔷薇属

分布：山东、甘肃、新疆、陕西、江苏、北京

形态特征

直立灌木。株高可达 2 米；茎粗壮，丛生；小枝密布绒毛，有皮刺；小叶呈椭圆形或椭圆状倒卵形，叶面无毛，深绿色，叶背灰绿色；花单生或数朵簇生；花梗密布绒毛和腺毛；苞片呈卵形，有绒毛和腺毛；萼片呈卵状披针形；花直径长 4 ~ 5.5 厘米，花瓣倒卵形，重瓣至半重瓣，紫红色至白色，有芳香；花柱有毛，稍出萼筒口；果实扁球形，外表平滑，砖红色，宿存于萼。

生长习性

阳性植物，喜光耐旱，日照越充足，则花色越艳，香味越浓。适宜在土壤疏松肥沃、排水性良好的壤土和轻壤土中生长。

花期

5 ~ 6 月。

观赏价值

玫瑰花色娇艳，芬芳美丽，是中国的传统名花，也是世界四大切花之一。可植于城市绿化带和园林，有极好的美化作用，也可作花篱、成片栽植或制作造型，皆有良好的观赏效果。

其他用途

玫瑰花可制成各种吃食，风味独特，常食能舒气活血、柔肝醒胃。玫瑰果则能美容养颜。玫瑰花亦可入药，有活血、理气之效，主治跌打损伤、乳臃肿痛等症状。

花瓣倒卵形，重瓣至半重瓣

果实扁球形，外表平滑，砖红色

叶椭圆形，深绿色，网脉明显

月季

别名： 月月红、月月花、四季花、胜春

科属： 蔷薇科蔷薇属

分布： 湖北、四川、甘肃等地

形态特征

直立灌木。株高1～2米；小枝圆柱形，表面无毛，有钩状皮刺；小叶片宽卵形至卵状长圆形，长2.5～6厘米，宽1～3厘米，叶缘有锐锯齿，叶面暗绿色，有光泽，叶背颜色较浅；托叶贴生于叶柄，边缘有腺毛；花单生或数朵集生，花直径4～5厘米；花梗无毛或有腺毛；萼片卵状或叶状，边缘有羽状裂片；花瓣重瓣至半重瓣，呈倒卵形，有红色、白色和粉红色；花柱与雄蕊几乎等长，伸出萼筒外；果红色，呈卵球形或梨形。

生长习性

对土壤和气候的要求不太严格，喜温暖、日照充足的生长环境和疏松、富含有机质的微酸性土壤。

花期

4～9月。

观赏价值

月季花色彩艳丽，香气淡雅，花期绵长，四季可赏，是园林中的常见花卉，可用于花坛、花境的布置，也可用作切花和制作花篮、花束等。

其他用途

月季花可做成粥、汤、茶等食用。月季的根、叶和花皆可入药，有消炎解毒、消肿活血之效。此外，用月季花做成隔离墙，不仅能净化空气，还能降低噪音污染，是集美化、净化于一身的优良花木。

株高1～2米，全株表面有钩状皮刺

花色艳丽，四季可赏

花瓣倒卵形，多重瓣

绣线菊

别名：柳叶绣线菊、蚂蝗草、珍珠梅、马尿骚

科属：蔷薇科绣线菊属

分布：山西、山东、河北、内蒙古和辽宁等地

形态特征

直立灌木。树高 1 ~ 2 米，枝条黄褐色，嫩枝有短柔毛，老时会脱落；叶长 4 ~ 8 厘米，宽 1 ~ 2.5 厘米，披针形至长圆披针形，叶缘密生锐锯齿，两面均无毛；叶柄无毛，长 1 ~ 4 厘米；长圆形或金字塔形的圆锥花序，花朵密集；花梗长 4 ~ 7 厘米；苞片披针形至线状披针形，微被细短柔毛，全缘或有锯齿；萼筒钟状，萼片呈三角形，内微被短柔毛；花直径 5 ~ 7 毫米，花瓣卵形；雄蕊比花瓣长两倍；花柱短于雄蕊；蓇葖直立，有短柔毛或无毛。

生长习性

喜光也耐阴，喜温暖湿润的气候和肥沃深厚的土壤。生长于海拔 200 ~ 900 米的湿草原和山沟等地，萌蘖力和萌芽力强。

花期

6 ~ 8 月。

观赏价值

绣线菊的花朵小而秀致，开放时花团锦簇，赏心悦目，常被种植在庭院，具有良好的观赏价值。

其他用途

绣线菊全草可入药，有通便利水、通经活血之效，可用于治疗周身酸痛、闭经和关节痛等症。

花序呈长圆形或金字塔形的圆锥形，花朵密集

雄蕊比花瓣长两倍

开放时花团锦簇，赏心悦目

珍珠梅

别名： 山高粱条子、高楷子、八本条、东北珍珠梅、华楸珍珠梅

科属： 蔷薇科珍珠梅属

分布： 辽宁、黑龙江、吉林、内蒙古

形态特征

灌木。树高达 2 米，小枝稍屈曲，圆柱形，幼时绿色，老时红褐色或暗黄褐色；羽状复叶，有小叶 11 ~ 17 枚，对生，披针形至卵状披针形，先端渐尖，基部圆形或宽楔形，叶缘有尖锐的重锯齿，叶两面近于无毛；托叶叶质，呈卵状披针形至三角披针形，叶缘有不规则锯齿；大型圆锥花序顶生，分枝近直立，花直径 10 ~ 12 毫米；总花梗和花梗被短柔毛或星状短柔毛，果期脱落；苞片卵状披针形至线状披针形；萼筒钟状，萼片三角卵形，与萼筒等长；花瓣白色，长圆形或倒卵形；雄蕊数量多，生于花盘边缘，比花瓣长；蓇葖果长圆形，有顶生弯曲花柱。

生长习性

能耐寒和半阴，喜排水良好的沙质土壤。

花期

7 ~ 8 月。

观赏价值

珍珠梅形似梅花，色若珍珠，高雅清丽，清香袭人，深受人们喜爱，不管是孤植、列植或丛植，皆有极好的观赏效果。

其他用途

珍珠梅的茎皮、枝条和果穗可入药，有消肿止痛、活血散淤的功效，可用于风湿性关节炎的治疗。

大型圆锥花序顶生，花色莹白

羽状复叶

藤本月季

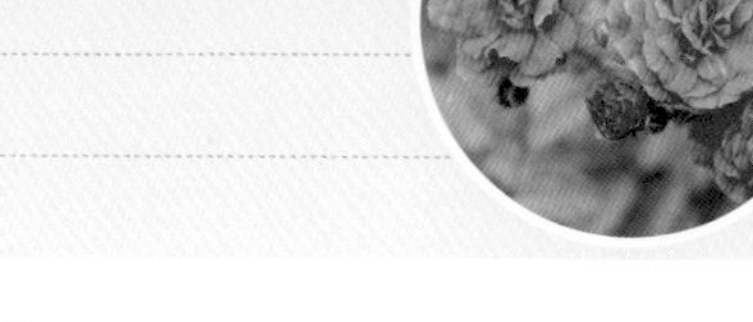

别名： 藤蔓月季、爬藤月季、爬蔓月季、藤和平

科属： 蔷薇科蔷薇属

分布： 全国各地，其中以河南南阳为盛

形态特征

藤状或蔓状落叶灌木。茎干细长柔软，呈蔓状或藤木状，长 3 ~ 4 米，茎上有尖刺，无攀缘器官，需要人工搭架；单数羽状复叶，有小叶 5 ~ 9 片，叶小而薄；托叶着生于叶柄；叶梗附近长有一对直立的棘刺；花单生、簇生或聚生；有杯状、盘状和球状等花形，花色十分丰富。

生长习性

喜温暖背风、空气流通好的生长环境。喜光，耐寒耐旱，适应性强，对土壤的要求不高，但更喜在疏松肥沃、富含有机质的微酸性土壤中生长，忌土壤过湿，否则根易腐烂。

花期

5 ~ 11 月。

观赏价值

藤本月季花大色艳，开放时花满枝头，甚是壮观，是名贵的观赏花卉。

其他用途

藤本月季是藤状绿化植物，常让其攀附在廊、架之上，形成花墙、花柱、花球、花海和花拱门等景观。而且藤本月季还能用来装饰家居环境，如现代欧式家居风格中，便大量用到藤本月季。

开放时花满枝头，甚是壮观，是名贵的观赏花卉

藤本月季本身没有攀缘器官，需依附其他物体生长

单数羽状复叶，有小叶 5 ~ 9 片

花大色艳

花团锦簇，可用来制作花墙，具有良好的视觉效果

棣棠

别名：地棠、蜂棠花、黄度梅、金棣棠梅、黄榆梅

科属：蔷薇科棣棠花属

分布：华北至华南大部分地区

形态特征

落叶灌木。树高1～2米，有的甚至可达3米；小枝绿色，无毛，呈圆柱形，枝条常拱垂；叶互生，呈卵圆形或三角状卵形，叶顶端渐尖，基部截形、圆形或微心形，叶缘有尖锐的重锯齿，叶面无毛或有疏柔毛，叶背沿脉或脉腋有柔毛，两面均绿色；叶柄无毛，长5～10毫米；托叶带状披针形，叶缘有毛，脱落早；花单着生在侧枝顶端，花瓣黄色，呈宽椭圆形，顶端下凹；萼片卵状椭圆形，顶端急尖，果时宿存；瘦果倒卵形至半球形，有皱褶，褐色或黑褐色。

生长习性

喜半阴和温暖湿润的生长环境，不耐寒，不择土壤，但疏松肥沃的沙壤土最为适宜。

花期

4～6月。

观赏价值

棣棠枝柔叶翠，花朵柔美可人，开放时满树金花，赏心悦目，可用来布置花径、花篱或群植池畔溪流旁。

其他用途

棣棠花的花和枝叶均可入药，有消肿止痛、止咳的功效，多用于久咳不止、水肿和风湿关节痛等病症的治疗。

叶互生，呈卵圆形或三角状卵形

花瓣黄色，呈宽椭圆形，顶端下凹

金露梅

别名： 金蜡梅、金老梅

科属： 蔷薇科委陵菜属

分布： 东北、西北、西南、华北各地

形态特征

灌木。树高 0.5 ~ 2 米，树皮纵向剥落；分枝多，小枝幼时红褐色，被长柔毛；羽状复叶，叶片呈长圆形、倒卵长圆形或卵状披针形，顶端圆钝或急尖，基部楔形，叶缘平坦，两面绿色；托叶宽大，薄膜质；花单朵或数朵生于枝顶，花瓣宽倒卵形，顶端圆钝，黄色；花梗密被绢毛或长柔毛；萼片卵圆形，顶端急尖，副萼披针形至倒卵状披针形，顶端渐尖至急尖，外有疏被绢毛；花柱棒形，近基生，基部稍细，顶端膨大；瘦果褐棕色，近卵形，外被长柔毛。

生长习性

极耐寒，对干旱和贫瘠也有一定的抵抗能力，喜疏松湿润的微酸至中性土壤。

花期

6 ~ 9 月。

观赏价值

金露梅黄花简单而不失雅致，且枝叶茂密，是一种优良的庭园观赏植物，也可以用来制作矮篱，美观大方。

其他用途

金露梅的花和叶可入药，有健胃消食、清暑、调经的功效，主要用来治疗消化不良、赤白带下等症状。而且金露梅枝叶柔软，含有丰富的粗蛋白和脂肪，是优良的牧草。

花瓣宽倒卵形，顶端圆钝

枝叶茂密，是优良的观赏植物

木瓜海棠

别名：毛叶木瓜、木桃

科属：蔷薇科木瓜属

分布：陕西、甘肃、贵州、湖北、湖南、江西、广西、云南等地

形态特征

落叶灌木至小乔木。树高 2 ~ 6 米，枝条直立，有短刺，小枝紫褐色，疏生浅褐色皮孔；叶长 5 ~ 11 厘米，宽 2 ~ 4 厘米，披针形至倒卵状披针形，先端渐尖或急尖，基部楔形至宽楔形，叶缘有细尖的锯齿；叶柄长约 1 厘米；托叶草质，半圆形、肾形或耳形；花 2 ~ 3 朵簇生于枝上；花梗粗短或无梗；萼筒钟状，萼片直立，卵圆形至椭圆形，全缘有浅齿和黄褐色睫毛；花瓣倒卵形或近圆形，淡红色或白色；花柱基部合生，柱头头状；果实卵球形或近圆柱形，味芳香。

生长习性

喜光照充足、温暖湿润的生长环境，生性强健，对土壤要求不严，更喜土层深厚、疏松肥沃、排水良好的土壤。

花期

3 ~ 5月。

观赏价值

木瓜海棠花开时花满枝头，花色烂漫，且果实悬垂，香气浓郁，是花果俱赏的佳木，适合栽种于庭院、草坪、路边，也可制成盆景。

其他用途

木瓜海棠的果实既可食，也可作药用，有顺气舒筋、祛风止痛的功效；且其木质坚硬，是制作家具的良好材料。

花簇生于枝上，繁艳似锦

雄蕊数量多，长及花瓣的一半

木香花

别名： 蜜香、青木香、五香、五木香、南木香、广木香

科属： 蔷薇科蔷薇属

分布： 全国各地

形态特征

攀缘小灌木。树高可达 6 米；小枝圆柱形，无毛，有短小的皮刺；小叶 3 ～ 5 枚，叶片长 2 ～ 5 厘米，宽 8 ～ 18 厘米，呈椭圆状卵形或长圆披针形，先端急尖或稍钝，基部宽楔形或近圆形，叶缘有紧贴的细锯齿，叶面深绿色，无毛，叶背淡绿色；叶轴和小叶柄上有疏柔毛和散生的小皮刺；托叶膜质，呈线状披针形，早落；伞状花序有花数朵；花梗无毛，长 2 ～ 3 厘米；萼片卵形，先端渐尖，萼筒和萼片外部均无毛，内部有白色柔毛；花瓣倒卵形，重瓣至半重瓣；花柱离生，比雄蕊短，密被柔毛。

生长习性

不耐寒，常生于路旁、溪边或山坡灌丛。

花期

4 ～ 5 月。

观赏价值

木香花花密香浓，是著名的观赏花卉，广泛用于花架、花墙和花篱的垂直绿化，也可用作簪花和切花。

其他用途

木香花的根可入药，果实可酿酒，因为其花香浓郁，还可提取芳香油。

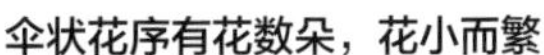

伞状花序有花数朵，花小而繁

花瓣倒卵形，重瓣至半重瓣

石斑木

别名： 春花、白杏花、车轮梅、雷公树

科属： 蔷薇科石斑木属

分布： 华东、华南至西南地区

形态特征

常绿灌木，稀小乔木。树高可达 4 米，幼枝初被褐色绒毛，后脱落；叶片集生在枝顶，叶长 4 ~ 8 厘米，宽 1.5 ~ 4 厘米，呈卵形或长圆形，先端急尖或圆钝，基部渐狭，叶缘有细钝锯齿，叶面平滑无毛，富有光泽，叶背颜色较淡，网脉明显；叶柄长 5 ~ 18 毫米；托叶长 3 ~ 4 毫米，钻形；总状花序或圆锥花序顶生，白色或淡红色；花梗和总花梗上有锈色绒毛；苞片和小苞片狭披针形，几乎无毛；萼筒筒状，萼片 5 枚，三角披针形或线形，先端急尖；花瓣 5 枚，倒卵形或披针形，先端圆钝，基部有柔毛；雄蕊 15 枚；花柱 2 ~ 3 枚，基部合生；果实紫黑色，呈球形，果梗短。

生长习性

亚热带树种，常生于山坡、溪边灌木林或路边。

花期

4 月。

观赏价值

石斑木枝叶密生，树冠紧密，花朵俏丽，可植于路的拐角处，或用来分割空间。石斑木的花、枝叶和果实均是高级花材。

其他用途

石斑木的根可入药，主治跌打损伤和踝关节疼痛。果实既可食也可入药，而且石斑木木质坚韧，是制作器物的好材料。

叶面平滑无毛，富有光泽

果实紫黑色，呈球形

总状花序或圆锥花序顶生

珍珠绣线菊

别名：珍珠花、喷雪花、雪柳

科属：蔷薇科绣线菊属

分布：华东地区

形态特征

灌木。树高 1.5 米左右；枝条细长开展，小枝有棱，幼时褐色有短柔毛，老时红褐色无毛；叶片长 25 ~ 40 毫米，宽 3 ~ 7 毫米，线状披针形，先端长渐尖，基部下楔形，两面均无毛；叶柄短近无柄，被短柔毛；伞状花序有花 3 ~ 7 朵，基部簇生数枚小形叶片；花梗无毛，纤细；花白色，直径 6 ~ 8 毫米；萼筒钟状，内面疏被短柔毛，外面无毛，萼片三角形或卵状三角形，先端尖；花瓣倒卵形或近圆形，先端微凹至圆钝；雄蕊 18 ~ 20 枚，长及花瓣的 1/3 或更短；花柱与雄蕊几乎等长；蓇葖果开张。

生长习性

喜光耐寒，不耐荫蔽，喜湿润、排水好的土壤。

花期

4 ~ 5 月。

观赏价值

珍珠绣线菊花朵密集如堆雪，叶纤长如鸟羽，且花枝自然弯曲，形成拱形花带，开放时雪白一片，醒目脱俗，是优良的观花花木。

其他用途

在园林造景中，珍珠绣线菊常被植于山坡、水岸、湖畔或草坪，夏可赏花，秋可观叶，四季迷人。

花朵密集如堆雪，醒目脱俗

伞状花序，花直径 6 ~ 8 毫米

枝幼时褐色，老时红褐色无毛

贴梗海棠

别名：皱皮木瓜、贴梗木瓜、铁脚梨

科属：蔷薇科木瓜属

分布：全国各地

形态特征

落叶灌木。树高达 2 米，枝条有刺，直立开展；小枝圆柱形，疏生浅褐色皮孔；叶长 3 ~ 9 厘米，宽 1.5 ~ 5 厘米，卵形至椭圆形，先端急尖，基部楔形至宽楔形，叶缘有尖锐的锯齿；叶柄长约 1 厘米；托叶草质，肾形或半圆形，叶缘有尖锐的重锯齿；花先于叶开放，3 ~ 5 朵簇生于老枝上；花梗粗短或近于无柄；萼筒钟状，萼片半圆形，长及萼筒的一半，全缘有波状齿和黄褐色睫毛；花瓣倒卵形或近圆形，基部延伸成爪；雄蕊多数，长约花瓣的一半；花柱 5 枚，基部合生，柱头头状，与雄蕊等长；果实球形或卵球形，有不明显斑点，味芳香。

生长习性

温带植物，喜光，耐寒耐旱，但忌低洼和盐碱地，适应性强，对土壤要求不高，但更适宜在疏松肥沃的土壤中生长。

花期

3 ~ 5 月。

观赏价值

贴梗海棠开放时花繁色艳，是春观花夏观果的良品花木，栽种范围广，常见于庭院、公园、路旁或学校等地，也可制成盆景。

其他用途

果实可食用，营养价值极高。果实还可入药，有舒筋活络、镇痛消肿之效。

花梗粗短或近于无柄

雄蕊多数，长约花瓣的一半

花簇生于枝上

果实球形或卵球形，有稀疏的不明显斑点

开放时花繁色艳，是春观花夏观果的良品花木

野蔷薇

别名： 多花蔷薇

科属： 蔷薇科蔷薇属

分布： 全国各地

形态特征

攀缘灌木。枝圆柱形，通常无毛，有针刺或皮刺；叶互生，长1.5 ~ 5厘米，宽8 ~ 28毫米，倒卵形、长圆形或卵形，先端急尖或圆钝，基部楔形或近圆形，叶缘有尖锐锯齿，叶面无毛，叶背有柔毛；小叶柄和叶轴无毛或被柔毛；托叶篦齿状，贴生于叶柄；花单生或多朵排成圆锥状花序；花梗无毛或有腺毛，长1.5 ~ 2.5厘米；萼片披针形，外无毛，内有柔毛；花瓣宽倒卵形，颜色丰富；花柱成束，比雄蕊稍长；果球形，无毛有光泽，红褐色或紫褐色。

生长习性

喜光耐寒，不耐水湿和积水，对土壤要求不严，但更适宜在土质疏松、土层深厚、排水性好的土壤中生长。

花期

5 ~ 9月。

观赏价值

野蔷薇色泽鲜艳，花开如海，芬芳绚烂，适应性强，常用来布置花格、辕门、花架或花墙等。

其他用途

野蔷薇可食，用来熬粥或蒸鱼，别有风味；蔷薇的根和果有活血通络的功效，可用于关节疼痛、高血压和偏瘫等症的治疗；蔷薇花有化湿清热之效，对暑热胸闷、口疮口糜等症有一定的治疗效果。

花单生或多朵排成圆锥状花序

叶缘有尖锐锯齿

色泽鲜艳，花开成海

榆叶梅

别名：榆梅、小桃红、榆叶鸾枝

科属：蔷薇科桃属

分布：全国各地

形态特征

灌木或稀小乔木。树高 2 ~ 3 米，有多数短小枝；小枝灰色，一年生枝灰褐色，叶片宽椭圆形至倒卵形，先端短渐尖，常有 3 裂，基部宽楔形，叶面无毛或疏生柔毛，叶背有短柔毛，叶缘有重锯齿或粗锯齿；小枝上的叶簇生，一年生枝上的叶互生；叶柄长 5 ~ 10 毫米，有短柔毛；花先于叶开放；花梗长 4 ~ 8 毫米；萼筒宽钟形，无毛或幼时有毛；萼片无毛，呈卵形或卵状披针形，先端有疏生小锯齿；花瓣长 6 ~ 10 毫米，近圆形或宽倒卵形，粉红色；雄蕊 25 ~ 30 枚，比花瓣短；花柱比雄蕊稍长；果实近球形，顶端有短小尖头，外被柔毛。

生长习性

喜光耐阴，耐寒，不择土壤，但以肥沃的中性或微碱性土壤为佳。

花期

4 ~ 5 月。

观赏价值

榆叶梅形似梅花，花朵累叠，娇丽明艳，是重要的观赏花木，常植于公园草地、路边、庭院或水池等处，是不可多得的美化植物。

其他用途

种子可入药，有润燥滑肠、利水下气的功效。

有多数短小的枝，小枝灰色

花先于叶开放，花繁色艳

昙花

别名：昙华、鬼仔花、韦陀花

科属：仙人掌科昙花属

分布：全国各省区

形态特征

附生肉质灌木。株高 2 ~ 6 米，茎圆柱状，分枝多；叶长 15 ~ 100 厘米，宽 5 ~ 12 厘米，披针形至长圆状披针形，叶缘波状或有深圆齿；小窠形小、无刺，排列在齿间凹陷处；花单生于小窠，呈漏斗状，夜间开放，有芳香；花托有三角形短鳞片，绿色；萼状花被线形至倒披针形，绿白色、淡琥珀色或带红晕；瓣状花被倒卵形至倒卵状披针形，白色；雄蕊多；花丝白色，花药淡黄色；花柱白色，柱头狭线形；浆果无毛，紫红色，呈长球形；种子数量多，无毛，有皱纹。

生长习性

喜温暖湿润的半阴环境，不耐霜冻，忌强光暴晒，要求土壤疏松肥沃、富含腐殖质，并且排水性能好，呈微酸性。

花期

6 ~ 10 月。

观赏价值

昙花花姿秀美，素雅洁白，清香四溢，被誉为“月下美人”，是著名的观赏花卉，可盆栽置于室内，美化环境。

其他用途

昙花全花可入药，有清热疗喘、软便去毒的功效，对治疗便秘便血、肿疮、肺炎和哮喘等病症有辅助效果。昙花还可以改善居室环境，让室内空气清新怡人。

花呈漏斗状，夜间开放，有芳香

花白色，花药淡黄色

花姿秀美，素雅洁白

蟹爪兰

别名：蟹爪莲、仙指花、圣诞仙人掌

科属：仙人掌科蟹爪兰属

分布：全国各地均有栽培

形态特征

附生肉质植物，常呈灌木状。茎无刺，多分枝，枝悬垂；老茎木质化，稍呈圆柱形，幼枝和分枝均扁平；每一节间距长 3 ~ 6 厘米，宽 1.5 ~ 2.5 厘米，矩圆形至倒卵形，顶端截形，两侧各有 2 ~ 4 个粗锯齿，中央有一肥厚中肋；花单生于枝顶，两侧对称；花萼基部短筒状，顶端分离；花冠数轮，下部长筒状，上部分离；雄蕊 2 轮，多数，向上拱弯；花柱比雄蕊长，深红色，柱头 7 裂；浆果梨形，红色。

生长习性

喜凉爽温暖的生长环境，耐旱，耐阴，但不耐高温，在疏松肥沃、排水性良好的土壤中生长良好。

花期

10 月至翌年 2 月。

观赏价值

蟹爪兰花枝悬垂，花形秀丽，品种丰富，花色多样，是常见的观赏花卉之一，可盆栽置于窗台、门庭等处，观之让人赏心悦目。

其他用途

蟹爪兰全株可入药，有清热解毒之效，主要用来治疗疮疡肿毒和腮腺炎。蟹爪兰还能吸收空气中的二氧化碳，并将其转化成氧气，达到净化空气的目的。

花冠数轮，下部长筒状，上部分离

花柱深红色，比雄蕊长，柱头 7 裂

山茶

别名：山茶花

科属：山茶科山茶属

分布：中部及南部各地区

形态特征

灌木或小乔木。高 9 米；叶椭圆形，长 5 ~ 10 厘米，宽 2.5 ~ 5 厘米，叶面深绿色，叶背浅绿色，均无毛；叶柄无毛，长 8 ~ 15 毫米；花顶生，无柄，颜色红艳；约有 10 片苞片和萼片，组成杯状苞被，呈半圆至圆形，外面有绢毛；花瓣 6 ~ 7 片，外侧 2 片几近圆形，内侧 5 片倒卵圆形；蒴果呈圆球形，有 2 ~ 3 室，每室有种子 1 ~ 2 个。

生长习性

惧风喜阳，喜空气流通性好、温暖湿润的生长环境和疏松肥沃、排水良好的沙质土、腐殖土或黄土。

花期

1 ~ 4 月。

观赏价值

山茶静美典雅，花大艳丽，花色丰富，是世界名花之一，在园林美化方面应用广泛，是理想的造景材料，可孤植、群植，还可人工或盆景造型，皆有高超的观赏价值。山茶因为花期长，亦是良好的插花和切花材料。

其他用途

山茶入药有止血、散淤消肿之效，对鼻出血、子宫出血、咯血以及烫伤、创伤出血等症有一定的治疗作用。山茶还可以泡酒，或者煮成茶花粥，能治痢。

花顶生，颜色红艳

叶椭圆形，绿色，均无毛

外侧花瓣近圆形，内侧花瓣倒卵圆形

茶梅

别名： 茶梅花

科属： 山茶科山茶属

分布： 长江以南各地区

形态特征

常绿灌木或小乔木。树高可达 12 米，树皮灰白色，树冠球形或扁圆形；叶革质，长 3 ~ 5 厘米，宽 2 ~ 3 厘米，呈椭圆形，叶端短尖，基部楔形，有时略圆，叶缘有细锯齿，叶面深绿色，富有光泽，叶背褐绿色，有 5 ~ 6 对侧脉，网脉不明显；叶柄长 4 ~ 6 毫米；花直径 4 ~ 7 厘米，花瓣 6 ~ 7 枚，大小不一，呈阔倒卵形；苞片及萼片 6 ~ 7 枚，被柔毛；雄蕊离生，长 1.5 ~ 2 厘米；花柱有 3 深裂；蒴果球形，果爿 3 裂；种子褐色。

生长习性

喜阴湿、温暖的气候，适宜在疏松肥沃、富含腐殖质的微酸性土壤中生长。

花期

10 月下旬至翌年 4 月。

观赏价值

茶梅花色瑰丽，姿态丰满，且树形优美，是一种优良的观赏灌木，可布置花坛、花境或作配景材料，也可盆栽置于室内美化环境。

其他用途

茶梅有净化空气的作用，能把空气中的二氧化碳转化成氧气，而且还能抑制空气中的离子辐射，减少电视、电脑等对人体的伤害。

雄蕊离生，花柱有 3 深裂

叶椭圆形，深绿色，富有光泽

栀子

别名： 黄栀子、山栀

科属： 茜草科栀子属

分布： 全国各地均有栽培，主要集中在华东、西南和中南等多数地区

形态特征

常绿灌木。树高 1 ~ 3 米，树干灰色，枝绿色；叶对生，长 3 ~ 25 厘米，宽 1.5 ~ 8 厘米，叶形常呈倒卵形、椭圆形、倒卵状长圆形或长圆状披针形等多种形状，叶面亮绿色，叶背色较暗，均无毛；花常单生于枝顶，有芳香；花冠白色或乳黄色，6 裂，裂片平展，呈倒卵形或倒卵状长圆形；花丝短，花药伸出，呈线形；花柱粗厚，柱头纺锤形；果形状多样，有卵形、球形、椭圆形和长圆形，黄色或橙红色；种子数量多，近圆形，稍有棱角。

生长习性

虽喜光但也能耐阴，喜温暖湿润的气候，适宜在肥沃疏松的酸性轻黏性土壤中生长。

花期

3 ~ 7 月。

观赏价值

栀子花大洁白，香气馥郁，且叶色亮绿、四季常青，有一定的观赏价值，经常被植于庭院或路旁，有良好的绿化效果；还可盆栽或用作切花。

其他用途

栀子花可食用，无论是凉拌、做汤、炒还是炸都别有风味，亦可制作成花茶。栀子花的根、叶、果实入药有消炎去热、凉血解毒、泻火除烦之效。栀子花还能提取芳香油。

花白色或乳黄色

枝绿色，叶对生

花瓣裂片平展

杜鹃

别名：山踯躅、映山红、照山红、杜鹃花

科属：杜鹃花科杜鹃属

分布：江苏、安徽、浙江、江西、福建、湖北、湖南、台湾等地

形态特征

落叶灌木。树高 2 ～ 5 米，分枝多而细，密被糙伏毛; 叶常集生于枝端，长1.5 ～ 5厘米，宽0.5 ～ 3厘米，呈椭圆状卵形、倒卵形或披针形，边缘微反卷，叶面深绿色，叶背淡白色，中脉凹陷；叶柄有糙伏毛；花数朵簇生于枝顶；花萼 5 裂，有糙伏毛；花冠阔漏斗形，裂片 5 枚，呈倒卵形，上部裂片有深红色斑点；雄蕊与花冠等长，花丝线状，花柱无毛，伸出花冠外；蒴果卵球形，宿存于萼。

生长习性

喜通风、湿润的半阴环境和酸性土壤。

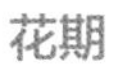

花期

4 ～ 5 月。

观赏价值

杜鹃花繁叶茂，娇艳多姿，是优良的盆景花卉，常栽种在溪边、林缘、池畔，有良好的观赏效果。而且杜鹃还可栽作花篱，极具特色。

其他用途

杜鹃的根、叶和花皆可入药。根有活血、祛风、止痛之效，可用于月经不调、风湿痛等症的治疗；叶清热解毒，可用于外伤出血和瘾疹；花有活血、调经之效，用于月经不调、闭经、跌打损伤的治疗。

花冠阔漏斗形，裂片 5 枚

萌发力强，枝多而纤细

石榴

别名： 安石榴、山力叶、丹若、金罂

科属： 石榴科石榴属

分布： 南北各地，以江苏、河南为盛

形态特征

小乔木或落叶灌木。通常树高3～4米，也可达5～7米，树干灰褐色，有瘤状突起；树冠分枝多；叶对生或簇生，长2～8厘米，宽1～2厘米，椭圆状披针形，或长披针形至长圆形，叶面有光泽，叶背中脉凸起；花有钟状花和筒状花之分，其中钟状花可以受精结果，筒状花则不结果；花一般一朵或数朵生于叶腋间；萼片管状，有5～7裂；花瓣与萼片同数而互生，呈倒卵形，单瓣或重瓣，多为红色；浆果多子，外种皮肉质，甜而酸，可直接食用，内种皮角质。

生长习性

喜光向阳，耐寒、耐旱，也耐贫瘠，对土壤要求不严。

花期

5～6月。

观赏价值

石榴树姿优美，花红似火，枝叶秀丽，不论是丛植还是孤植，皆有其趣，也可制作成盆景或作为瓶插花置于室内。

其他用途

石榴果可食，其中含有丰富营养物质，对人体具有良好的保健功能，而且还能迅速补充肌肤水分，并能保护眼睛。石榴叶可消毒杀虫，石榴花可治疗创伤出血，石榴根则有杀虫、止带的功效。

萼片管状，有5～7裂，花瓣与萼片同数而互生

花瓣倒卵形，多为红色

石榴果近球形，内多子

木绣球

别名： 绣球、紫阳花、粉团、绣球荚蒾、八仙花

科属： 忍冬科荚蒾属

分布： 南北各地区

形态特征

落叶或半常绿灌木。树高达 4 米，树皮灰白色或灰褐色；叶纸质，长 5 ~ 11 厘米，卵形至椭圆形或卵状矩圆形，顶端稍尖，叶缘有小齿，上面初时密被簇状短毛，后近中脉有毛；花序聚伞状；花梗长 1 ~ 2 厘米；萼筒筒状，无毛，萼齿与萼筒等长，呈矩圆形；花冠辐状，裂片呈圆状倒卵形，味清香；花药小，近圆形。

生长习性

喜阴湿，不耐寒。对土壤要求不严，但以肥沃、湿润、排水良好的土壤为宜，要避免阳光直射，否则叶片容易灼伤。

花期

4 ~ 5 月。

观赏价值

绣球花团如球，开放时累累叠叠，玲珑有致，清香扑鼻。作为夏季的常见花卉，绣球花常孤植，或丛植在园林、建筑物入口处。

其他用途

绣球花味苦性寒，有小毒，有消热抗疟之效，主要用来治疗心热惊悸和疟疾等症。但要注意绣球花全株有毒，误食茎叶会有腹痛腹泻、呼吸急迫等症状的出现，用药时，要严格按照要求使用。

聚伞状花序

绣球花圆如球，开放时累叠有致

锦带花

别名：锦带、五色海棠、山脂麻、海仙花

科属：忍冬科锦带花属

分布：东北全部地区、华北、西北、华中及华东部分地区

形态特征

落叶灌木。树高 1 ~ 3 米，树皮灰色；幼枝稍呈四方形，有 2 列短柔毛；叶长 5 ~ 10 厘米，呈矩圆形、椭圆形至倒卵状椭圆形，顶端渐尖，基部阔楔形至圆形，叶缘有锯齿，叶面疏生短柔毛，叶背密生短柔毛或绒毛；叶柄短至无柄；花单生或呈聚伞花序生于枝顶或叶腋；萼筒呈长圆柱形，疏被柔毛，萼齿长短不等，深达萼檐中部；花冠玫瑰红色或紫红色，花冠裂片不整齐，向外开展，内面浅红色；花丝比花冠短，花药黄色；花柱细长，柱头有 2 裂；果实疏生柔毛，顶端有喙；种子无翅。

生长习性

喜光，但也能耐阴，忌水涝。对土壤要求不高，但以土层深厚、肥沃湿润的土壤为佳。

花期

4 ~ 6 月。

观赏价值

锦带花枝叶茂密，花繁色艳，于春夏交替之际开放，是东北、华北地区重要的花木之一，常群植或丛植在墙隅、湖畔或林缘，也可用来点缀坡地或假山。锦带花的花枝还可插瓶置于室内欣赏。

其他用途

锦带花有很强的抗氯化氢能力，是良好的抗污染花木。

树高 1 ~ 3 米，花开时，花繁色艳，极富观赏价值

聚伞花序生于枝顶或叶腋

花冠裂片不整齐，向外开展

鸡树条

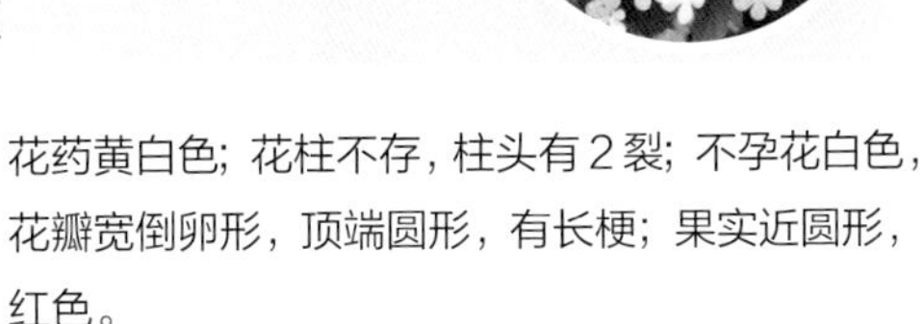

别名：天目琼花、欧洲荚蒾

科属：忍冬科荚蒾属

分布：东北全境以及西北、华中、西南部分地区

形态特征

落叶灌木。树高1.5～4米；枝无毛，有明显突起的皮孔，二年生枝红褐色，近圆柱形，老枝和茎暗灰色，树皮质薄，常有纵裂；叶圆卵形至广卵形或倒卵形，通常有3浅裂，裂片顶端渐尖，叶基部截形、圆形或浅心形，叶缘有不整齐粗牙齿；小枝上部叶椭圆形至矩圆状披针形，不分裂，叶缘疏生波状牙齿；叶柄长1～2厘米，粗壮无毛，有明显的长盘形腺体，基部有钻形托叶；复伞形式聚伞花序，花通常生于第二至第三级的辐射枝上，花梗极短；总花梗长2～5厘米，粗壮无毛；萼筒倒圆锥形，萼齿三角形，均无毛；花冠辐状，白色，花冠裂片近圆形，大小不等；雄蕊比花冠长，花药黄白色；花柱不存，柱头有2裂；不孕花白色，花瓣宽倒卵形，顶端圆形，有长梗；果实近圆形，红色。

生长习性

耐寒、耐旱、耐半阴，适应性强，病虫害少。

花期

5～6月。

观赏价值

春观花，秋赏果，花果俱美，在园林中常见栽培。

其他用途

嫩枝、叶和果可做药用，其中果实榨出的油还可制作肥皂和润滑油。

果实近圆形，红色

花冠辐状，花药黄白色

不孕花白色，裂片呈宽倒卵形

金钟花

别名： 迎春柳、迎春条、金梅花、金铃花

科属： 木樨科连翘属

分布： 江苏、安徽、浙江、江西、福建、湖南、湖北及云南

形态特征

落叶灌木。树高可达 3 米，除花萼裂片边缘有睫毛外，全株均无毛；枝直立，棕褐色或红棕色，小枝绿色或黄绿色，有明显的皮孔；叶片长 3.5 ~ 15 厘米，宽 1 ~ 4 厘米，呈长椭圆形至披针形，或倒卵状长椭圆形，叶面深绿色，叶背淡绿色，两面均无毛；花数朵集生于叶腋，花开时无叶；花萼裂片绿色，呈卵形、宽卵形或宽长圆形，有睫毛；花冠裂片狭长圆形至长圆形，深黄色，内面基部有橘黄色条纹，裂片反卷；果卵形或宽卵形，基部稍圆，有皮孔。

生长习性

为温带、亚热带树种，喜光耐旱，忌湿涝。

花期

3 ~ 4 月。

观赏价值

金钟花开时金黄灿烂，是春季常见的观花植物，可在草坪、路边丛植，也可于庭院内孤植。

其他用途

金钟花的果壳、根和叶可入药，味苦性凉，有清热解毒之效，可治疗感冒发热、双目赤肿等疾病。

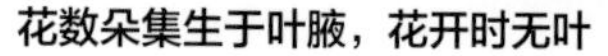

花数朵集生于叶腋，花开时无叶

树高可达 3 米

花冠裂片狭长圆形至长圆形，深黄色

迎春花

别名：小黄花、金腰带、黄梅、清明花

科属：木樨科素馨属

分布：全国各地

形态特征

落叶灌木，树高 0.3 ~ 5 米，直立或匍匐于地，枝条下垂，光滑无毛，微扭曲；叶对生，三出复叶，叶片幼时两面有毛，老时仅叶缘有睫毛；小叶卵形、长卵形或椭圆形，叶缘反卷；顶生叶片长 1 ~ 3 厘米，宽 0.3 ~ 1.1 厘米，无柄或有短柄，侧生叶比顶生叶小，无柄；花单生于叶腋，或稀生顶端；花梗 0.8 ~ 2 厘米，苞片披针形、卵形或椭圆形；花萼绿色，窄披针形；花冠黄色，裂片 5 ~ 6 枚，呈长圆形或椭圆形。

生长习性

喜光怕涝，耐阴耐寒，要求气候温暖湿润，土壤疏松肥沃且呈酸性。

花期

6 月。

观赏价值

迎春花，花色金黄，叶丛翠绿，开花极早，遂有“迎春”之名，各地园林和庭院均有栽培，植于碧水萦回的池畔，池映花影，相得益彰，别有一番雅趣。

其他用途

迎春花、叶可药用，有活血解毒，消肿止痛之效，可治疗跌打损伤和创伤出血等症。

花单生于叶腋，黄色

花瓣裂片 5 ~ 6 枚，黄色

枝条下垂，微扭曲

茉莉花

别名： 香魂、莫利花、木梨花

科属： 木樨科素馨属

分布： 南方地区

形态特征

直立或攀缘灌木。株高可达 3 米，枝圆柱形或稍压扁状，被疏毛；叶对生，长 4 ~ 12.5 厘米，宽 2 ~ 7.5 厘米，呈圆形、椭圆形、倒卵形或卵状椭圆形，两面有明显细脉；叶柄长 2 ~ 6 毫米；聚伞花序顶生；花梗被短柔毛，长 1 ~ 4.5 厘米；花冠白色，裂片长圆形至近圆形，花瓣有单瓣和重瓣，极香；果直径约 1 厘米，球形，紫黑色。

生长习性

喜温暖湿润、通风好、半阴的生长环境，畏寒畏旱，不耐湿涝和碱土。适合在腐殖质丰富的微酸性沙质土壤中生长。

花期

5 ~ 8 月。

观赏价值

茉莉花花色洁白，香味浓郁，虽不是艳态惊群，却清新素雅，是常见的庭园和盆栽芳香花卉，还可加工成花环等饰品。

其他用途

茉莉花可制成香气浓郁的茉莉花茶。茉莉根有麻醉、止痛之效；茉莉叶可清热解表；茉莉花能理气、辟秽。茉莉花极香，还能提取香精和香油原料，经济价值极高。

花冠白色，裂片长圆形至近圆形

茉莉花清新素雅、馨香悠远

聚伞花序顶生

紫丁香

别名： 丁香、百结、华北紫丁香、紫丁白

科属： 木樨科丁香属

分布： 以秦岭为中心，北到黑龙江，南到云南和西藏

形态特征

灌木或小乔木。树高可达5米，树皮灰褐色或灰色，小枝粗壮，疏生皮孔；叶革质或纸质，长2～14厘米，宽2～15厘米，卵圆形至肾形，叶面深绿色，叶背淡绿色；圆锥花序直立，从侧芽抽生，呈球形或长圆形；花梗长0.5～3毫米，花萼萼齿渐尖或锐尖；花冠紫色，裂片呈直角展开，有卵圆形、椭圆形和倒卵圆形3种形状，花冠管圆柱形；花药黄色；果卵形至长椭圆形。

生长习性

喜光，稍耐阴，对土壤要求不严，忌种植在低洼处，容易因为积水引起病害，全株会死亡。

花期

4～5月。

观赏价值

紫丁香花开时丰满秀丽，且香气独特，是著名观赏花木之一，被普遍种植于园林中，可丛植或散植，也可盆栽和作鲜切花用。

其他用途

紫丁香的叶入药，能清热燥湿，多用来止泻。

圆锥花序直立

花被裂片呈直角展开

花瓣呈卵圆形、椭圆形和倒卵圆形

连翘

别名： 黄花条、连翘、青翘、落翘、黄奇丹

科属： 木樨科连翘属

分布： 除华南地区外的其他地区

形态特征

落叶灌木。枝条开展或下垂，小枝疏生皮孔，略呈四棱形，土黄色或灰褐色；叶常为单叶，或3裂至三出复叶，椭圆状卵形至椭圆形，先端锐尖，基部宽楔形至楔形，叶缘除基部外有锐锯齿或粗锯齿，叶面深绿色，叶背淡黄绿色，均无毛；叶柄长0.8～1.5厘米；花单生或数朵簇生于叶腋，开放时无叶；花梗长5～6毫米；花萼裂片长圆形或长圆状椭圆形；花冠黄色，裂片长圆形或倒卵状长圆形；果长椭圆形、卵球形或卵状椭圆形，表面有疏生皮孔。

生长习性

喜温暖湿润、阳光充足的生长环境，有一定程度的耐阴性，耐寒耐旱，不择土壤，忌水涝。

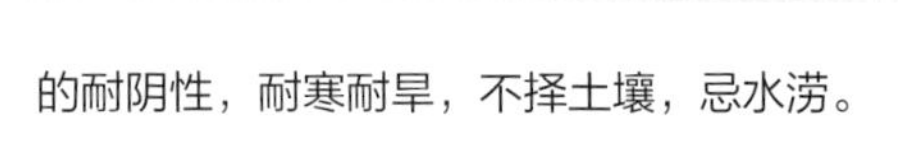

花期

3～4月。

观赏价值

连翘树形优美，枝条下垂，花开时黄花满枝，芳香淡雅，且花期长，是早春优良的观赏花木，在城市绿化和园林造景中应用广泛。

其他用途

连翘入药，有清热解毒、散结消肿的功效，常用来治疗斑疹、瘰疬、丹毒及小便淋闭等症。连翘籽油能用于绝缘油漆和化妆品行业，具有良好的开发潜力。

小枝疏生皮孔，土黄色或灰褐色

花冠裂片长圆形或倒卵状长圆形

凤尾兰

别名：菠萝花、厚叶丝兰、凤尾丝兰

科属：龙舌兰科丝兰属

分布：黄河中下游及其以南地区

形态特征

常绿灌木。株高 50 ~ 150 厘米，有茎；叶表面有蜡质层，长 40 ~ 70 厘米，宽 3 ~ 6 厘米，坚硬如剑，呈螺旋状排列至茎端，放射状展开；总状花序短，沿茎节对叶而生，有花 3 ~ 6 朵；花梗长约 5.5 厘米；苞片三角形；中萼长圆形，侧萼斜卵形，先端均急尖；花大而下垂，花瓣呈镰刀状倒披针形，乳白色，常有红晕。

生长习性

要求生长环境阳光充足、温暖湿润，对土壤要求不严，但更适宜在排水好的沙质土壤中生长。

花期

6 ~ 10 月。

观赏价值

凤尾兰四季常绿，树形奇特，叶形如剑，花容清雅，硬朗而不失柔美，是良好的观赏花木和鲜切花材料，常被植于中央花坛、路旁或绿篱内，也可置于门厅内欣赏。

其他用途

凤尾兰叶的叶纤维强韧、洁白，可做缆绳。花可入药，平喘止咳，主要用于咳嗽和支气管哮喘的治疗。

常绿灌木，株高 50 ~ 150 厘米

花大而下垂，花色乳白

长春花

别名： 雁来红、日日草、日日新、三万花

科属： 夹竹桃科长春花属

分布： 主要集中在长江以南地区，其中广东、广西和云南等地较为普遍

形态特征

亚灌木。树高 60 厘米，略有分枝，全株微被毛或无毛；茎方形，灰绿色，有条纹；叶膜质，长 3 ~ 4 厘米，宽 1.5 ~ 2.5 厘米，呈倒卵状长圆形，叶脉在叶面扁平，在叶背隆起，约有 8 对侧脉；聚伞状花序顶生或腋生，有花 2 ~ 3 朵；花萼 5 裂，萼片披针形或钻状渐尖；花冠呈高脚杯状，红色，内面有疏柔毛；花瓣 5 枚，呈宽倒卵形；花药隐藏在花喉内；蓇葖双生，平行或略叉开；种子长圆状圆筒形，有颗粒状小瘤，黑色。

生长习性

喜高温、高湿的生长环境，不耐严寒和水涝，对土壤要求不高，但更适宜在富含腐殖质、排水性能好的砂质土壤中生长。

花期

几乎全年。

观赏价值

长春花娟秀丽质，开放时花势繁茂，花期极长，四季可赏。可盆栽或种植在花坛内，亦特别适合布置成大型花槽，装饰效果极好。高杆品种的长春花还可用作切花。

其他用途

长春花的植株含有的长春碱有降血压之效，而且长春花中含有的多种生物碱能防癌抗癌，是国际上应用最多的抗癌药物的药源。

聚伞状花序，有花 2 ~ 3 朵

叶膜质，中脉明显，约有 8 对侧脉

花色红，花瓣 5 枚，呈宽倒卵形

软枝黄蝉

别名： 黄莺、小黄蝉、重瓣黄蝉、软枝花蝉

科属： 夹竹桃科黄蝉属

分布： 广东、广西、福建和台湾等地

形态特征

藤状灌木，长达 4 米。枝条柔软弯垂；叶纸质，通常 3 ~ 4 枚轮生，有时对生或互生，叶长 6 ~ 12 厘米，宽 2 ~ 4 厘米，呈倒卵形或倒卵状披针形，顶端短尖，基部楔形，有 6 ~ 12 条侧脉；叶柄长 2 ~ 8 毫米，基部和叶腋均有腺体；聚伞花序顶生，花有短梗；花萼裂片长 1 ~ 1.5 厘米，呈披针形；花冠大，橙黄色，内面有红褐色的脉纹，花冠下部呈长圆筒状，花冠筒喉部有白色斑点，向上扩大成冠檐，花冠裂片卵圆形或长圆状卵形，顶端圆形；雌雄蕊和花盘与黄蝉相同；蒴果球形，有刺，种子扁平，有翅。

生长习性

喜阳光充足、温暖湿润的生长环境，耐阴，不耐干旱和强光，对土壤要求不严，但更适宜在疏松肥沃、排水良好的土壤中生长。

花期

春夏两季。

观赏价值

软枝黄蝉花大而美丽，是园林绿化中常见的花木，可用来制作花廊、花棚、花架和花篱。

其他用途

软枝黄蝉的茎叶入药，有杀虫灭疸、消肿的功效，可用来治疗疥癣和跌打肿痛等症。

花冠大，花瓣顶端圆形

花橙黄色，内面有红褐色的脉纹

藤状灌木

夹竹桃

别名： 洋桃、叫出冬、柳叶书、洋桃梅

科属： 夹竹桃科夹竹桃属

分布： 全国各省区，尤以南方为盛

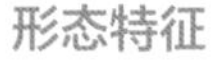

形态特征

常绿直立大灌木。树高达 5 米，枝条灰绿色；叶 3 ~ 4 枚轮生，叶长 11 ~ 15 厘米，宽 2 ~ 2.5 厘米，呈窄披针形，顶端急尖，叶缘翻卷，叶面无毛，深绿色，叶背有洼点，浅绿色；聚伞花序顶生，有花数朵；苞片披针形；花萼 5 裂，呈披针形，红色，无毛；花冠 5 裂，裂片倒卵形，有单、重瓣之别，深红或粉红色；花丝短，花药呈箭头状；种子长圆形，褐色。

生长习性

喜光照，稍耐寒，适宜在温暖湿润的气候和排水性良好的中性土壤中生长。

花期

全年，尤以夏秋为盛。

观赏价值

夹竹桃花大色艳，有香气，叶似柳，花似桃，四季可赏，常在公园、风景区或道路旁看到它们美丽的身影。

其他用途

夹竹桃有强心、利尿、镇静和灭虫的作用，但用时需慎重，因为它全身有剧毒，误食轻则中毒，重则致命。

聚伞花序顶生，有花数朵

花萼 5 裂，呈披针形，红色

夹竹桃叶似柳，花似桃

倒挂金钟

别名：吊钟海棠、吊钟花、灯笼花

科属：柳叶菜科倒挂金钟属

分布：全国，尤其在北方或西北、西南地区

形态特征

半灌木。株高 50 ~ 300 厘米，直立，多分枝，被短柔毛和腺毛，幼枝带红色；叶对生，长 3 ~ 9 厘米，宽 2.5 ~ 5 厘米，呈卵形或狭卵形，叶缘有浅齿或齿突，叶面和叶背皆有短柔毛，尤以叶背为盛；叶柄常带红色，有短柔毛和腺毛；托叶狭卵形至钻形，早落；花下垂，稀生于茎枝顶叶腋；花梗纤细，淡绿色或有红色；花冠筒状，红色；花萼 4 片，红色，呈长圆状或三角状披针形；花瓣颜色多变，呈宽倒卵形，覆瓦状排列；花丝红色，伸出花管外，花药长圆形，紫红色，花粉粉红色；花柱红色，柱头褐色，呈棍棒状，顶端有 4 裂；果倒卵状长圆形，紫红色。

生长习性

怕高温和阳光，喜凉爽湿润的环境，要求土壤呈微酸性，并且富含腐殖质。

花期

4 ~ 12 月。

观赏价值

倒挂金钟花形雅致奇特，可盆栽置于室内，也可吊挂在廊架等处，皆有不错的观赏效果。

其他用途

倒挂金钟的花朵有行血祛淤、凉血祛风的功效，多用来治疗风湿性关节炎和跌打损伤引起的疼痛和红肿。

花下垂，花瓣宽倒卵形，呈覆瓦状排列

花丝红色，伸出花管外

牡丹

别名：鼠姑、鹿韭、木芍药、百雨金、富贵花、洛阳花

科属：芍药科芍药属

分布：全国各地

形态特征

落叶灌木。株高 2 米，叶常为二回三出复叶，顶生叶呈宽卵形，长 7 ~ 8 厘米，宽 5.5 ~ 7 厘米，叶面无毛，绿色，叶背有白粉，淡绿色；侧生叶呈狭卵形或长圆状卵形，长 4.5 ~ 6.5 厘米，宽 2.5 ~ 4 厘米；苞片呈长椭圆形，裂 5 片；萼片绿色，呈宽卵形；花单生茎顶，花瓣倒卵形，长 5 ~ 8 厘米，宽 4.2 ~ 6 厘米，红紫色、玫瑰色、粉红色至白色，变异很大；花盘杯状，顶端有裂片或锐齿；心皮成熟时开裂；蓇葖呈长圆形，有黄褐色硬毛。

生长习性

喜光耐阴，耐寒耐旱，忌阳光直射和积水。适宜在地势高燥、土壤深厚肥沃、排水良好的中性沙质土壤中生长。

花期

5 月。

观赏价值

牡丹花容大气，色姿俱佳，品种丰富，色艳香浓，具有极高的观赏价值。可植于庭院、花坛，亦可盆栽，皆有绝妙的韵味。

其他用途

牡丹花可做羹做菜，亦可制成口感香醇的牡丹露酒。牡丹根皮入药有活血化淤、清热凉血之效，对闭经痛经、臃肿疮毒、温毒发斑等症状有一定的治疗效果。

花单生茎顶，花瓣倒卵形

花丝长约 1.3 厘米，花药长圆形

叶常为二回三出复叶，顶生叶呈宽卵形

花大色艳

花容大气，色姿俱佳，具有极高的观赏价值

木槿

别名：木锦、荆条、朝开暮落花、喇叭花

科属：锦葵科木槿属

分布：全国大部分省区

形态特征

落叶灌木。树高 3 ~ 4 米，小枝密被黄色星状绒毛；叶长 3 ~ 10 厘米，宽 2 ~ 4 厘米，菱形至三角状卵形，主脉明显，叶缘齿缺参差不齐；叶柄长 5 ~ 25 毫米；托叶疏被柔毛，呈线形；花单生于枝端叶腋间；花梗长 4 ~ 14 毫米，有星状短绒毛；苞片呈线形，密被星状绒毛；花萼钟形，裂片三角形；花钟形，色彩丰富，有单瓣、复瓣和重瓣几种；花瓣倒卵形，外有纤毛和星状长柔毛；蒴果卵圆形，密被黄色星状绒毛；种子成熟后黑褐色。

生长习性

环境适应性强，对土壤要求较低，喜阳光充足、温暖潮湿的气候。

花期

7 ~ 10 月。

观赏价值

木槿花姿容秀丽端庄，是夏秋两季重要的观赏花木，可做花篱、绿篱，也可栽种在花园或庭院。

其他用途

木槿花可食用，其中含有蛋白质、粗纤维、还原糖以及维生素 C、氨基酸、黄酮类活性化合物等多种营养物质，营养价值极高。木槿的花、叶、根、果和皮均可入药，能降低胆固醇。

花单生于枝端叶腋间

花瓣倒卵形

木芙蓉

别名： 芙蓉花、拒霜花、木莲、地芙蓉、华木

科属： 锦葵科木槿属

分布： 湖南，辽宁、湖北、安徽、江西、四川、广东、台湾等地

形态特征

落叶灌木或小乔木。树高 2 ~ 5 米，小枝密被星状毛和细绵毛；叶长 10 ~ 15 厘米，呈宽卵形至圆卵形或心形，有 5 ~ 7 裂，裂片呈三角形，叶面疏被星状细毛和点，叶背密被星状细绒毛，有主脉 7 ~ 11 条；托叶披针形，脱落早；花单生于枝端叶腋间；苞片裂片 8 枚，呈线形，密被星状绵毛；萼钟形，裂 5 片，呈卵形；花开时白色或淡红色，后渐变成深红色，花瓣近圆形，外面有毛；雄蕊无毛，花柱疏被毛；蒴果扁球形，有绵毛；种子背面有柔毛，肾形。

生长习性

喜光，耐阴不耐寒，喜湿润肥沃、疏松的沙壤土。

花期

8 ~ 10 月。

观赏价值

木芙蓉树姿四季皆赏，形态各异，各有风姿。花能随着光照强度的不同而变换花瓣颜色，极富观赏价值。可丛植，亦可孤植，特别适宜临水栽种，芙蓉照水，分外娇艳。

其他用途

花可食，亦可入药，有消肿排脓、清热解毒之效，可用于肺热咳嗽、月经过多等症状的治疗。

花单生于枝端叶腋间

花瓣近圆形，外面有毛

花初开白色或淡红色，渐变成深红色

朱槿

别名：扶桑、赤槿、佛桑、红木槿、桑槿、大红花、状元红

科属：锦葵科木槿属

分布：四川、北京、广东、广西、云南等地

形态特征

常绿灌木。树高 1 ~ 3 米；枝圆柱形，疏被星状短柔毛；叶长 4 ~ 9 厘米，宽 2 ~ 5 厘米，卵形或狭卵形，叶缘有粗齿或缺刻，除叶背沿脉有疏毛外，两面皆无毛；叶柄长 5 ~ 20 毫米；托叶线形，长 5 ~ 12 毫米；花下垂，单生在上部叶腋间；花梗长 3 ~ 7 厘米；小苞片 6 ~ 7 枚，呈线形，基部合生，有稀疏星状柔毛；萼钟形，有星状柔毛，裂片 5 枚，卵形至披针形；花冠漏斗形，花瓣倒卵形，先端圆，外有稀疏柔毛；雄蕊柱长 4 ~ 8 厘米，平滑无毛；蒴果卵形。

生长习性

强阳性植物，喜阳光充足、温暖湿润的生长环境，不耐阴，也不耐寒冷和干旱，对土壤要求不严，但更喜欢富含有机质的微酸性土壤。

花期

全年。

观赏价值

朱槿花大色艳，且品种丰富，在长江流域及其以北地区，常盆栽用来布置会场、花坛或装点室内，在南方地区则多植于亭前、墙边、池畔和路旁，全年花开不断，热闹非凡。

其他用途

朱槿的根、叶和花均可入药，有解毒消肿、清热利水之效。

花常下垂，单生在上部叶腋间

花单生在上部叶腋间

雄蕊柱平滑无毛，长 4 ~ 8 厘米

串钱柳

别名： 垂枝红千层、红瓶刷、金宝树、刷毛桢、多花红千层

科属： 桃金娘科红千层属

分布： 台湾地区

形态特征

常绿灌木或小乔木。树高 2 ~ 6 米，树皮褐色，厚而有纵裂；主茎挺拔，枝条柔软下垂；叶互生，革质，长 6 ~ 7.5 厘米，宽 0.7 厘米，呈披针形至线状披针形，两面密生黑色腺点，侧脉纤细，边脉清晰；叶柄短；穗状花序长达 11.5 厘米，花序轴有丝毛；萼管有丝毛，顶端裂片阔而纯；花瓣近圆形，膜质，淡绿色；雄蕊数量多，花丝很长，排列稠密，颜色十分鲜艳；蒴果在枝条上紧贴其上，呈半球形或碗状，酷似穿线铜钱。

生长习性

串钱柳适应性极强，既能耐烈日酷暑，也能抗寒，但不耐阴，喜潮湿肥沃的酸性土壤。

花期

3 ~ 5 月。

观赏价值

串钱柳花开时鲜红艳丽，整个花序犹如瓶刷子，悬垂满树，妖艳夺目，且树姿飘逸，其叶似柳，终年不凋，甚是美丽。

其他用途

串钱柳常栽作园景和行道树，尤其适合斜植于水池旁。

穗状花序长达 11.5 厘米

只见雄蕊而不见花朵

花丝很长，排列稠密，颜色鲜艳

桃金娘

别名： 山菍、多莲、当梨根、仲尼、乌肚子、桃舅娘、当泥

科属： 桃金娘科桃金娘属

分布： 贵州、湖南、广东、广西、福建、云南及台湾

形态特征

灌木。树高 1 ~ 2 厘米，嫩枝被灰白色柔毛；叶革质，对生，长 3 ~ 8 厘米，宽 1 ~ 4 厘米，倒卵形或椭圆形，先端圆或钝，微凹入，基部阔楔形，叶面初有毛，后无毛，叶背有灰色茸毛，叶有 4 ~ 6 对侧脉，网脉明显；叶柄长 4 ~ 7 毫米；花常单生，有长梗；萼管倒卵形，有灰茸毛，萼裂 5 片，裂片近圆形；花瓣 5 枚，紫红色，呈倒卵形；雄蕊长 7 ~ 8 毫米，红色；花柱比雄蕊长；浆果卵状壶形，熟时紫黑色；种子每室 2 列。

生长习性

耐贫瘠，喜欢酸性土壤，常生于丘陵坡地。

花期

4 ~ 5 月。

观赏价值

桃金娘开花先白后红，红白相交，极富情趣，而且其果实也有良好的观赏价值，可制作盆景或在园林中片植或丛植，皆有良好的视觉效果。

其他用途

桃金娘的果实可食，味道甜美，生津止渴；桃金娘的根、叶和果皆可入药，其中根对风湿、慢性痢疾和肝炎等病症有一定的治疗效果；叶有止血、止泻的功效；果实可补血安胎。

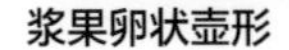

浆果卵状壶形

花常单生，花瓣紫红色

虎刺梅

别名：铁海棠、麒麟刺、麒麟花

科属：大戟科大戟属

分布：南北各地区

形态特征

蔓生灌木植物。茎分枝多，有纵棱，密生硬而尖的锥状刺，呈旋转状排列在棱脊上；叶互生，长1.5～5厘米，宽0.8～1.8厘米，呈倒卵状或长圆状匙形；几近无柄；托叶极细，呈钻形，脱落早；花序2、4或8个组成二歧状复花序，在枝上部腋生，花序皆有柄；苞叶肾圆形，无柄，上面色鲜红，下面色淡红；总苞钟状，边缘裂5片，呈琴形，内弯；腺体5枚，黄红；苞片丝状，先端有柔毛；蒴果平滑无毛，呈三棱状卵形，成熟时会分裂成3个分果爿；种子灰褐色，卵柱状。

生长习性

喜阳光充足和温暖湿润的生长环境，耐旱，不耐高温和寒冷，以排水好的腐叶土为最好。

花期

全年。

观赏价值

虎刺梅花形简单却不失精致优雅，色彩鲜艳夺目，是广受欢迎的盆栽植物。

其他用途

虎刺梅的根、茎、叶和乳汁皆可入药，有解毒排脓之效，可用于肝炎和痈疮等症的治疗。虎刺梅的花能止血，可用于子宫出血。

花型小巧，简单却不失雅致

花期全年，四季可赏

叶倒卵形或长圆状匙形

琴叶珊瑚

别名： 琴叶樱、南洋樱、日日樱

科属： 大戟科麻风树属

分布： 南方大部分地区

形态特征

常绿灌木。树高 1 ~ 2 米；叶纸质互生，长 4 ~ 8 厘米，宽 2.5 ~ 4.5 厘米，倒阔披针形，顶端急尖或渐尖，基部钝圆，叶面平滑，色浓绿，叶背色紫绿，叶基有 2 ~ 3 对锐刺；托叶小，脱落早；聚伞花序顶生，花单性，红色；萼片 5 枚；花瓣长椭圆形；雄蕊 10 枚，外轮花丝稍微合生，内轮花丝合生至中部；花柱 3 枚，基部合生，柱头有 2 裂；蒴果成熟后为黑褐色。

生长习性

喜高温高湿的生长环境，畏寒怕干燥，稍耐阴，适宜在疏松肥沃的酸性沙质土壤中生长。

花期

春季至秋季。

观赏价值

琴叶珊瑚花虽不大，颜色却异常亮丽夺目，且花期长，是常见的观赏花卉，可庭植或盆栽。

其他用途

琴叶珊瑚装饰性优良，基本一年四季皆可开花，但是要注意其乳汁有毒性，若不小心接触，可能会引起严重的皮肤炎症，对眼睛也有极大的伤害，因此要特别注意防范。

花瓣长椭圆形

单叶互生，呈倒阔披针形

马缨丹

别名：五色梅、五彩花、臭草、如意草、七变花

科属：马鞭草科马缨丹属

分布：广东、广西、福建、海南、台湾等地

形态特征

直立或蔓性灌木。树高 1 ~ 2 米，藤状枝则可达 4 米；茎枝均呈四方形，被短柔毛，有短倒钩状刺；单叶对生，长 3 ~ 8.5 厘米，宽 1.5 ~ 5 厘米，卵形至卵状长圆形，顶端急尖或渐尖，基部楔形或心形，叶缘有钝齿，叶面有粗糙皱纹和短柔毛，叶背有小刚毛；叶柄长 1 厘米左右；头状花序腋生于枝梢上部；花序梗粗壮，比叶柄长；苞片披针形，外部有粗毛；花萼膜质，顶端有极短的齿；花冠黄色或橙黄色，不久转为深红色；果圆球形，成熟时紫黑色。

生长习性

喜欢光照充足、温暖湿润的生长环境，能耐干旱和瘠薄，但不耐寒，在排水良好、肥沃的沙质土壤中生长良好。

花期

全年。

观赏价值

马缨丹花色多变，常年艳丽，观花期长，可制成花篱或花丛，亦可植于道路两侧。因其嫩枝柔软，马缨丹还可制作成多种盆景。

其他用途

马缨丹的根、叶和花可药用，有散结止痛、清热解毒、祛风止痒的功效，可治疗肺结核、风湿骨痛、胃痛、疟疾等病症。马缨丹的枝叶和花朵挥发出的气味能驱蚊蝇。

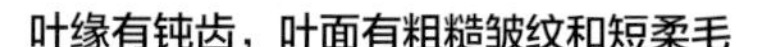

叶缘有钝齿，叶面有粗糙皱纹和短柔毛

花冠黄色或橙黄色，后转为深红色

龙吐珠

别名：白萼赪桐

科属：马鞭草科大青属

分布：全国各地有温室栽培

形态特征

攀缘状灌木。株高 2 ~ 5 米；幼枝四棱形，有黄褐色短绒毛，老时无毛，小枝髓部幼时疏松，老后中空；叶片纸质，长 4 ~ 10 厘米，宽 1.5 ~ 4 厘米，呈狭卵形或卵状长圆形，顶端渐尖，基部近圆形，叶面略粗糙，有小疣毛，叶背近无毛；叶柄长 1 ~ 2 厘米；聚伞花序腋生或假顶生，二歧分枝；苞片呈狭披针形；花萼白色，有 5 条脊棱，基部合生，中部膨大，顶端有 5 个深裂，裂片呈三角状卵形，顶端渐尖，外被细毛；花冠深红色，裂片椭圆形，外有细腺毛，花冠管与花萼几乎等长；雄蕊 4 枚，花柱有 2 个浅裂，雄蕊与花柱伸出花冠外；核果近球形，棕黑色，果皮光亮。

生长习性

喜阳光充足、温暖湿润、半阴的生长环境。

花期

3 ~ 5 月。

观赏价值

龙吐珠花形奇特，状如吐珠，花开繁盛，可盆栽置于窗台或庭院，也可制作成花架、花篮或装饰的凉亭和拱门，皆有雅趣。

其他用途

可入药，有消肿解毒、止痛止痒的功效，主治疗跌打肿痛、疔疮疖肿。

聚伞花序腋生或假顶生

叶片纸质，呈狭卵形或卵状长圆形

花瓣裂片呈三角状卵形

花萼白色，有 5 条脊棱

雄蕊与花柱伸出花冠外

龙船花

别名：卖子木、山丹、英丹

科属：茜草科龙船花属

分布：广西、福建、广东、香港

形态特征

灌木。树高 0.8 ~ 2 米；小枝幼时深褐色，老时灰色；叶对生或 4 枚轮生，长 6 ~ 13 厘米，宽 3 ~ 4 厘米，呈披针形、长圆状披针形至长圆状倒披针形，叶上中脉上凹下凸；叶柄短或无；托叶合生成剑鞘；花序顶生，花密生；总花梗短，基部常有 2 枚小叶承托；苞片和小苞片均小；萼管短，萼檐 4 裂，裂片极短；花冠盛开时顶部 4 裂，裂片呈倒卵形或近圆形，向外扩展；花丝极短，花药长圆形，基部 2 裂；花柱短，伸出冠管外；果双生，近球形，成熟时红黑色；种子长。

生长习性

喜湿润炎热、光照充足的生长环境，土壤要求排水性好、富含有机质，并呈酸性。

花期

5 ~ 7 月。

观赏价值

龙船花开放时红似火、艳如霞，花浮叶面，鲜艳夺目，可大片地植，开放时气势壮观，还可列植制作花篱或修剪成各种造型，皆相当惊艳。

其他用途

龙船花的根、茎和花皆可入药，根、茎能活血止痛、清热凉血，可治疗咯血、胃痛、闭经、风湿关节痛等症；花主治月经不调和高血压。

花冠盛开时顶部 4 裂，向外扩展

叶对生或 4 枚轮生，绿色

花序顶生，花密生

含笑花

别名：含笑美、含笑梅、白兰花、唐黄心树、香蕉花、香蕉灌木

科属：木兰科含笑属

分布：全国各地

形态特征

常绿灌木。树高 2 ~ 3 米，树皮灰褐色，多分枝；叶革质，长 4 ~ 10 厘米，宽 1.8 ~ 4.5 厘米，呈狭椭圆形或倒卵状椭圆形，先端钝短尖，基部楔形或阔楔形，叶面无毛有光泽，叶背中脉上有褐色平伏毛；叶柄长 2 ~ 4 毫米；花直立，花被片 6 枚，呈长椭圆形，肉质肥厚，淡黄色，边缘有时带有紫色或红色；雄蕊长 7 ~ 8 毫米，雌蕊长约 7 毫米；聚合果长 2 ~ 3.5 毫米；蓇葖呈球形或卵圆形，顶端有喙。

生长习性

性喜温暖、半阴的生长环境，不耐严寒和积水，要求土壤疏松肥沃，在溪谷沿岸或阴坡杂林中生长尤为茂盛。

花期

3 ~ 5 月。

观赏价值

含笑花花形独特，高洁美丽，纯洁端庄，且香气馥郁扑鼻，具有很高的观赏价值。

其他用途

含笑花的鲜花可加工制成花茶，有延年益寿、养肤美颜、纤身美体等多种功效。

花直立，花被片 6 枚

叶革质，叶面无毛有光泽

金凤花

别名：黄金凤、蛱蝶花、黄蝴蝶、杨金凤、红蝴蝶

科属：豆科云实属

分布：广东、广西、云南、台湾

形态特征

大灌木或小乔木。枝光滑，散生疏刺，绿色或粉绿色；二回羽状复叶，羽片对生，有 4 ~ 8 对，长 6 ~ 12 厘米，小叶 7 ~ 11 对，长 1 ~ 2 厘米，宽 4 ~ 8 厘米，长圆形或倒卵形，顶端凹缺或有短尖头；总状花序呈伞房状，腋生或顶生；花梗长 4.5 ~ 7 厘米；花托无毛，凹陷成陀螺状；萼片 5 枚；花瓣圆形，长 1 ~ 2.5 厘米，瓣缘皱波状，黄色或橙红色，柄与花瓣几乎等长；花丝基部粗，红色，伸出花瓣外；花柱长，橙黄色；荚果狭而薄，呈倒披针状长圆形，先端有喙，不开裂，成熟时黑褐色；种子 6 ~ 9 颗。

生长习性

热带树种，喜高温高湿的生长环境，不耐寒，忌霜冻，不择土壤，但较喜欢酸性土壤。

花期

几乎全年。

观赏价值

金凤花精巧独特，形如飞翔的火凤，栩栩如生，让人叹为观止，是热带地区极具观赏价值的花卉之一。

其他用途

金凤花的种子可入药，有活血通经的功效。

二回羽状复叶对生，为长椭圆形或倒卵形

花瓣圆形，瓣缘皱波状，花丝伸出花瓣外

黄槐

别名： 粉叶决明、黄槐决明

科属： 苏木科决明属

分布： 广东、广西、福建、海南、台湾及云南西双版纳等地

形态特征

灌木或小乔木。树高5～7米，树皮光滑，灰褐色；分枝多，小枝有肋；叶长10～15厘米，有小叶7～9对，小叶长2～5厘米，宽1～1.5厘米，呈卵形或长椭圆形，叶背有疏散紧贴的长柔毛；托叶弯曲，线形；总状花序生于枝条上方的叶腋内；苞片长5～8毫米，卵状长圆形；萼片大小不等，呈卵圆形，有3～5条脉；花瓣卵形至倒卵形，鲜黄色至深黄色；雄蕊10枚，最下面两枚有较长的自认花丝；花药长椭圆形，有2侧裂；荚果条形，开裂，顶端有细长的喙；种子10～12颗。

生长习性

喜光照充足、高温高湿的生长环境，不耐寒，对土壤要求不严，但在土层深厚、排水良好的土壤中生长得更快更好。

花期

热带地区几乎全年开花。

观赏价值

黄槐树形优美，枝叶繁盛，开放时，满树黄花，极富热带风情，花期长，几乎全年开花，适于作行道树，或栽种在绿地、池畔、庭园里，是美丽的观花树。

其他用途

黄槐的叶可药用，能润肺、解毒。

总状花序生于枝条上方的叶腋内

羽状复叶，倒卵形椭圆形

花瓣卵形至倒卵形

蜡瓣花

别名：中华蜡瓣花、腊瓣花

科属：金缕梅科蜡瓣花属

分布：贵州、湖北、安徽、浙江、湖南、江西、广东及广西等省区

形态特征

落叶灌木。嫩枝有柔毛，老枝秃净；叶薄革质，长 5 ~ 9 厘米，宽 3 ~ 6 厘米，呈倒卵形或倒卵圆形，先端尖或略钝，基部侧心形，叶缘有锯齿，叶面无毛，或仅在中肋有毛，叶背被灰褐色星状柔毛；叶柄长约 1 厘米；托叶窄矩形，略有毛；总状花序长约 3 ~ 4 厘米；花序柄长约 1.5 厘米；花序轴长 1.5 ~ 2.5 厘米；总苞状鳞片卵圆形，外被柔毛，内有长丝毛，苞片卵形，小苞片矩圆形；萼筒有星状柔毛，萼齿无毛；花瓣匙形；雄蕊比花瓣稍短，退化雄蕊与萼齿等长或稍长，有 2 裂，先端尖；花柱基部有毛；蒴果近球形，有褐色柔毛；种子褐色。

生长习性

暖温带树种，喜好强光，也能耐阴和耐寒，喜湿润肥沃的酸性或微酸性土壤。

花期

3 ~ 4 月。

观赏价值

蜡瓣花开放时无叶，累累花序垂挂枝头，黄色花朵光泽亮丽，清丽宜人，可植于庭院或盆栽。

其他用途

蜡瓣花可入药，有疏风和胃、宁心安神的功效，对治疗头痛、心悸、恶心呕吐、烦躁不安等有良好的治疗效果。

花开无叶，花序悬垂

叶缘有锯齿，齿尖呈刺毛状

红花檵木

别名： 红继木、红梽木

科属： 金缕梅科檵木属

分布： 中部、南部及西南各省

形态特征

灌木，有时为小乔木。分枝多，小枝被星毛；叶革质，长2～5厘米，宽1.5～2.5厘米，卵形，先端尖锐，基部钝，叶面无光泽，少有粗毛或秃净，叶背稍有灰白色，被柔毛，叶上约有5对侧脉；叶柄有星毛，长2～5毫米；托叶膜质，呈三角状披针形，脱落早；花3～8朵簇生，花梗较短；花序柄长约1厘米；苞片线形；萼筒杯状，萼齿卵形，花后脱落；花红色，花瓣4枚，呈带状，先端圆或钝；雄蕊4枚，花丝极短，药隔突出成角状；花柱极短；蒴果卵圆形，先端圆，有褐色星状绒毛；种子圆卵形，黑色有光泽。

生长习性

喜阴植物，但不排斥阳光。

花期

3～4月。

观赏价值

红花檵木花繁叶茂，姿态优美，花开时，满树红花，赏心悦目，多用来制成色篱和树桩盆景。

其他用途

红花檵木的花、根和叶子皆可入药，有止痛止血和消炎的功效，多用于风湿骨痛和跌打损伤的治疗。此外，红花檵木还有良好的经济价值。

花3～8朵簇生，花梗较短

叶革质，先端尖锐，基部钝

花繁色美，赏心悦目

金缕梅

别名：木里香、牛踏果

科属：金缕梅科金缕梅属

分布：四川、湖北、安徽、浙江、江西、湖南以及广西等地

形态特征

落叶灌木或小乔木。树高达 8 米；嫩枝被星状绒毛，老枝秃净；叶纸质或薄革质，长 8 ~ 15 厘米，宽 6 ~ 10 厘米，呈阔倒卵圆形，先端急尖，基部侧心形，叶缘有波状钝齿；叶柄长 6 ~ 10 毫米；托叶早落；短穗状或头状花序腋生，无花梗；苞片卵形；萼筒短，与子房合生，萼齿卵形，宿存；花瓣带状，黄白色；雄蕊 4 枚，花丝与花药几乎等长；退化雄蕊 4 枚，先端截平；子房被绒毛，花柱长 1 ~ 1.5 毫米；蒴果卵圆形，密被黄褐色星状绒毛；种子椭圆形，黑色，有光泽。

生长习性

喜光，能耐阴，不择土壤，但在疏松肥沃、湿润且排水良好的沙质土壤中生长最佳。

花期

5 月。

观赏价值

金缕梅树形别致，花形婀娜多姿，且香气宜人，花开时无叶，满树金黄，格外亮丽醒目，可孤植、丛植或群植，或与其他花木搭配种植，有良好的视觉效果和观赏价值。

其他用途

金缕梅可入药，有益气的功效，主治劳伤乏力。金缕梅还具有良好的美容效果，可帮助肌肤有效再生，有收敛、舒缓、抗菌和抗衰老的功效。

花先于叶开放

花瓣带状

紫薇

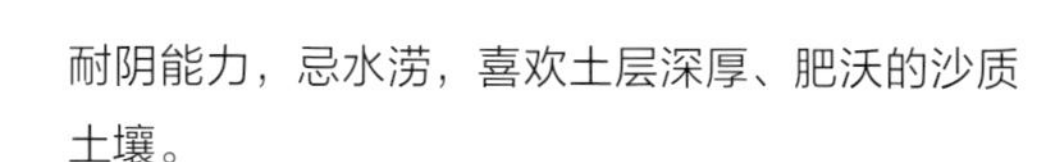

别名： 入惊儿树、百日红、满堂红、痒痒树

科属： 千屈菜科紫薇属

分布： 除东北地区外的其余各地区

形态特征

落叶灌木或小乔木。树高可达 7 米，树皮平滑，树干多扭曲；叶纸质，互生或对生，长 2.5 ~ 7 厘米，宽 1.5 ~ 4 厘米，呈椭圆形、倒卵形或阔矩圆形，叶端短尖或钝形，基部阔楔形或近圆形；叶柄短或无柄；圆锥花序顶生，紫色、白色或淡红色；花梗长 3 ~ 15 毫米，被柔毛；花萼平滑无棱，萼筒两面均无毛，裂 6 片，裂片直立，呈三角形；花瓣 6 枚，皱缩，有长爪；雄蕊多数，外面 6 枚较长，着生在花萼上；蒴果椭圆状球形或阔椭圆形，成熟时紫黑色；种子有翅。

生长习性

喜温暖湿润的生长环境，喜光耐旱，亦有一定的耐阴能力，忌水涝，喜欢土层深厚、肥沃的沙质土壤。

花期

6 ~ 9 月。

观赏价值

紫薇花纤细雅致，花色鲜艳美丽，聚开在枝顶，如云缀枝端，美丽异常，广泛用于公园、道路、城市街区、庭院等处的绿化，也可盆栽。

其他用途

紫薇可入药，有消肿化淤、清热解毒的功效。而且紫薇木材坚硬耐腐，可用来制作农具、家具或建筑用材。

圆锥花序顶生，花序长 7 ~ 20 厘米

花瓣皱缩，有长爪

鸡冠刺桐

别名：鸡冠豆、巴西刺桐、象牙红

科属：豆科刺桐属

分布：华南地区

形态特征

落叶灌木或小乔木。茎和叶柄稍有皮刺；羽状复叶有3枚小叶，叶长7～10厘米，宽3～4.5厘米，呈长卵形或披针状长椭圆形，先端钝，基部近圆形；总状花序顶生，每节有花1～3朵，花与叶同出；花稍下垂或与花序轴成直角，深红色；花萼钟状，先端有2个浅裂；二体雄蕊；子房有细绒毛；荚果褐色；种子大，亮褐色。

生长习性

喜光照和高温，能耐轻度荫蔽，抗寒能力强，生性强健，不择土壤，但以肥沃疏松的沙质土壤为佳。

花期

4～7月。

观赏价值

鸡冠刺桐的树干古朴苍劲，花开时繁盛而艳丽，花形别具一格，具有良好的观赏价值，可列植在道路两旁，或植于公园、庭院和广场。

其他用途

鸡冠刺桐的根皮可入药，有抗菌消炎的功效，对人体中的变异链球菌和葡萄球菌等有良好的抑制和消灭作用。而且鸡冠刺桐还能对空气中的甲醛和二氧化硫等有害物质进行吸收和分解，达到净化空气的作用。

总状花序顶生，每节有花1～3朵

花稍下垂或与花序轴成直角

雄蕊二体

羽状复叶有 3 枚小叶，小叶长卵形或披针状长椭圆形

花开时繁盛而艳丽，花形别具一格，具有良好的观赏价值

紫荆

别名：裸枝树、紫珠

科属：豆科紫荆属

分布：全国各地

形态特征

丛生或单生灌木。树高 2 ~ 5 米，树皮和小枝皆灰白色；叶纸质，长 5 ~ 10 厘米，宽与长相等或较之稍短，先端急尖，基部浅至深心形，叶面与叶背皆无毛；花 2 ~ 10 朵成束簇生在老枝和主干上，花先于叶开放，紫红色或粉红色；花梗长 3 ~ 9 毫米；子房嫩绿色，有胚珠 6 ~ 7 颗；荚果绿色，扁狭长形，先端急尖或短渐尖；种子 2 ~ 6 颗，阔长圆形，黑褐色。

生长习性

暖带树种，喜光能耐寒，不耐湿，以疏松肥沃的土壤为宜。

花期

3 ~ 4 月。

观赏价值

紫荆花开时无叶，满树紫花绚烂，具有良好的观赏效果，适宜植于草坪、庭院或建筑物前。

其他用途

紫荆的树皮、木部、花和果实皆可入药，功效多样，用途广泛；而且紫荆木纹理直，可用作建筑和家具用材。

花朵成束簇生在老枝和主干上

树皮和小枝皆灰白色

花先于叶开放

金丝桃

别名：狗胡花、金线蝴蝶、过路黄、金丝海棠、金丝莲

科属：藤黄科金丝桃属

分布：除东北地区外的其余各地区

形态特征

灌木。树高 0.5 ~ 1.3 米，有开展的疏生枝条；叶坚纸质，对生，长 2 ~ 11.2 厘米，宽 1 ~ 4.1 厘米，倒披针形或椭圆形至长圆形，先端锐尖至圆形，基部楔形至圆形，叶面绿色，叶背淡绿色；近伞房状花序疏生；花梗 0.8 ~ 2.8 厘米；苞片线状披针形，脱落早；萼片先端锐尖至圆形；花星状，花瓣张开，呈三角状倒卵形；雄蕊 5 束，每束有雄蕊 25 ~ 35 枚，与花瓣几乎等长，花药黄色至暗橙色；花柱合生，柱头小；蒴果宽卵珠形；种子圆柱形，深红褐色，有狭长的龙骨突起。

生长习性

温带树种，不耐寒，喜阴湿的生长环境。

花期

5 ~ 8 月。

观赏价值

金丝桃花形秀丽，花开时金黄一片，美丽娇艳，其花蕊灿黄，细长如丝，别具特色，而且叶形雅致，花叶共赏，常植于庭院或点缀草坪，亦可用作鲜切花。

其他用途

金丝桃的根、茎、叶、花和果均可入药，有镇静、抗菌消炎、收敛创伤的功效，其突出的抗病毒作用，可用于艾滋病的治疗。而且从金丝桃中提取的金丝桃素价比黄金，主要用于美容医疗。

蒴果宽卵珠形

叶坚纸质，绿色

雄蕊数量极多，花药黄色至暗橙色

结香

别名： 黄瑞香、打结花、雪里开、岩泽兰、金腰带

科属： 瑞香科结香属

分布： 陕西、河南及长江流域以南各地区

形态特征

灌木。树高 0.7 ~ 1.5 厘米；小枝褐色，粗壮坚韧，叶痕大，常三叉分枝；叶长 8 ~ 20 厘米，宽 2.5 ~ 5.5 厘米，披针形至倒披针形，先端短尖，基部楔形或渐狭，两面均被银灰色毛，在花前凋落；头状花序侧生或顶生，花多数聚成绒球状，花有芳香；花序梗长 1 ~ 2 厘米；花无梗；花萼外密被白色丝状柔毛，内无毛，顶端 4 裂，裂片呈卵形；雄蕊 8 枚，上列 4 枚与花萼裂片对生，下列 4 枚与花萼裂片互生，花丝短，花药近卵形；子房卵形，花柱线形，柱头棒状，有乳突；果椭圆形，顶端被毛。

生长习性

喜半阴湿润的生长环境和肥沃的土壤。

花期

冬末春初。

观赏价值

黄瑞香成簇开放，花姿玲珑圆润，姿态清逸且芳香四溢，常植于道旁、庭前、水边或墙隅，北方多盆栽。

其他用途

全株入药能消炎止痛、舒筋活络，可治风湿痛和跌打损伤疼痛，而且其茎皮可用来造纸和造棉。

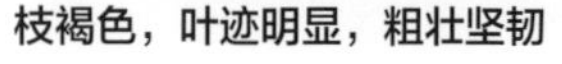

枝褐色，叶迹明显，粗壮坚韧

花黄色，微有香气

头状花序顶生或侧生

醉鱼草

别名：闭鱼花、鱼尾草、五霸蔷、槐木、痒见消

科属：马钱科醉鱼草属

分布：华东、华中、西南、华南等地区

形态特征

灌木。树高 1 ~ 3 米，茎皮褐色，小枝有四棱；叶对生，萌芽枝上的叶互生或轮生，叶片膜质，长 3 ~ 11 厘米，宽 1 ~ 5 厘米，卵形、椭圆形至长圆状披针形，顶端渐尖，基部宽楔形至圆形，叶面深绿色，叶背灰绿色；叶柄长 2 ~ 15 毫米；穗状聚伞花序顶生；苞片线形，小苞片线状披针形；花萼钟状，花萼裂片宽三角形；花冠紫色，花冠管弯曲，花冠裂片近圆形或阔卵形；雄蕊着生于花冠管的下部或近基部，花丝极短，花药卵形；子房卵形，花柱柱头卵圆形；果序穗状，蒴果椭圆状或长圆状，基部常有宿存花萼；种子小，淡褐色。

生长习性

喜温暖湿润的生长气候，有良好的适应能力，但忌积水，喜深厚肥沃的土壤。

花期

4 ~ 10 月。

观赏价值

醉鱼草花序美丽，紫色小花玲珑有致，且具有芳香，常用来绿化园林，或用来装点庭院、花坛和用作鲜切花。

其他用途

醉鱼草的花、叶和根可入药，有止咳化痰、祛风除湿之效；醉鱼草全株还可用作农药，专杀小麦吸浆虫和螟虫等害虫。

多生于灌丛或林地

穗状聚伞花序顶生

花紫色，有芳香

球兰

别名：壁梅、雪梅、玉蝶梅、爬岩板

科属：萝藦科球兰属

分布：广东、广西、福建、云南及台湾等省区

形态特征

攀缘灌木，常附生在岩石或树干上；茎节上有气根，枝蔓柔韧；叶肉质，对生，长 3.5 ~ 12 厘米，宽 3 ~ 4.5 厘米，卵圆形至卵圆状长圆形，顶端钝，基部圆形，侧脉约有 4 对，不明显；聚伞状花序腋生，花约有 30 朵；花白色，花冠辐状，筒短，裂片内有乳头状突起，外面无毛；副花冠星状，内外角急尖，中脊隆起；花粉块每室一个；蓇葖光滑，线形；种子顶端有白色绢质种毛。

生长习性

喜高温高湿、半阴的生长环境，但忌烈日曝晒，喜温暖，耐干燥，多附生在树干或石壁上。

花期

4 ~ 6 月。

观赏价值

球兰花形似球，别致雅观，枝叶飘逸柔韧，是布置家居环境的理想花卉，可摆放在走廊、窗下或书架上，因其枝蔓柔韧，还可将其塑造成各种形状，别有风趣。

其他用途

球兰的茎和叶可入药，有祛风利湿、清热解毒的功效，可用来治疗风湿性关节炎、支气管炎和小便不利等病症，外用可治疗痈肿疔疮，药用范围广泛。

攀缘灌木，茎节上有气根，枝蔓柔韧

聚伞状花序腋生，花约有 30 朵

花冠辐状，副花冠星状

米仔兰

别名：四季米兰、碎米兰、珍珠兰、鱼子兰、米兰球

科属：楝科米仔兰属

分布：广东、广西、福建、四川、贵州和云南等地

形态特征

常绿灌木或小乔木。茎多小枝；奇数羽状复叶互生，叶长 5 ~ 16 厘米，小叶厚纸质，对生，有 3 ~ 5 枚，长 2 ~ 7 厘米，宽 1 ~ 3.5 厘米，倒卵形至长椭圆形，先端钝，基部楔形，两面均无毛，每侧约有脉 8 条；圆柱花序腋生，花黄色，有芳香；花萼 5 裂，裂片呈圆形；花冠 5 裂，裂片长圆形或近圆形，顶端圆而截平；雄蕊花梗纤细，花丝结合成筒，比花瓣短；雌蕊子房呈卵形，密生黄色粗毛；浆果球形或卵形；种子有肉质假种皮。

生长习性

不耐寒，喜阳光充足、温暖湿润的生长环境和疏松肥沃的微酸性土壤。

花期

5 ~ 12 月。

观赏价值

米仔兰花序密，花期长，其馥郁幽雅的香味更是深受人们青睐，可盆栽置于门廊、客厅或书房，清香阵阵，舒缓身心。

其他用途

米仔兰可入药，有解郁宽中、清肺、醒酒等功效，可治疗咳嗽、头昏、噎膈初起等症。除此之外，米仔兰还可制成花茶或提取香精。

圆柱花序腋生，花黄色

奇数羽状复叶互生，小叶厚纸质，对生

野牡丹

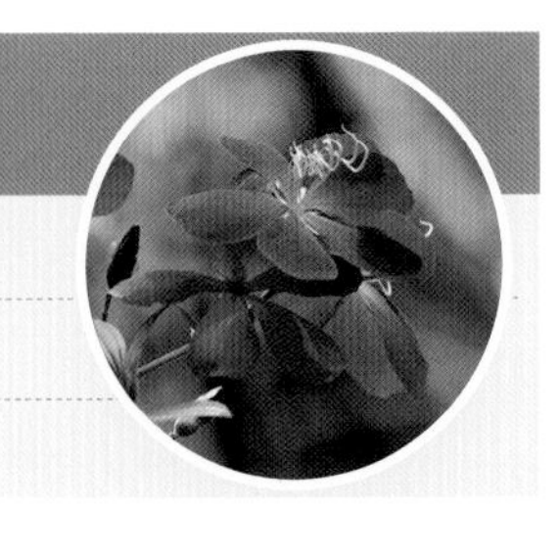

别名：山石榴、大金香炉、猪骨稔

科属：野牡丹科野牡丹属

分布：广东、广西、福建、云南和台湾等地

形态特征

灌木。树高0.5～1.5米，多分枝，全树茎、苞片、花梗、花萼和蒴果皆密被鳞片状糙伏毛；茎近圆柱形或钝四棱形；叶片坚纸质，叶长4～10厘米，宽2～6厘米，呈卵形或广卵形，两面均被糙伏毛和短柔毛；叶柄长5～15毫米；伞状花序有花3～5朵，生于分枝顶端，花粉红色或玫瑰红色；苞片披针形或狭披针形；花梗长3～20毫米；花萼裂片卵形或略宽，两面均有毛；花瓣倒卵形，顶端圆钝；蒴果坛状球形，与宿存萼贴生；种子镶于肉质胎座内。

生长习性

喜温暖湿润的气候，能耐干旱和贫瘠，以向阳、疏松而含腐殖质多的土壤为佳。

花期

5～7月。

观赏价值

野牡丹花色艳丽，是美丽的观花植物，可孤植、片植或丛植，因其易于管理，逐渐在园林中得到应用，是优良的绿化和美化花卉。

其他用途

野牡丹的根和叶可入药，有散淤止血、清热利湿和消肿止痛的功效，常用来治疗消化不良、泄泻、肝炎和痢疾等症。

伞状花序有花3～5朵，生于分枝顶端

花瓣倒卵形，顶端圆钝

叶片坚纸质

蜡梅

别名： 金梅、蜡花、蜡梅花、唐梅

科属： 蜡梅科蜡梅属

分布： 华中、华东、西南、华南地区

形态特征

落叶灌木。树高可达 4 米；幼枝四方形，老枝圆柱形，无毛或疏被微毛，有皮孔；叶纸质近革质，长 5 ~ 25 厘米，宽 2 ~ 8 厘米，呈卵圆形、椭圆形、宽椭圆形至卵状椭圆形，叶背脉上被微毛；花着生在二年生枝条的叶腋内，花开时无叶，有芳香；花被片呈圆形、长圆形、倒卵形、椭圆形或匙形，基部有爪；雄蕊长 4 毫米，花药向内弯，花丝比花药长或等长；果坛状或倒卵状椭圆形，口部收缩；果托近木质化。

生长习性

喜光，耐寒，耐旱，忌渍水，喜土层深厚、疏松肥沃的微酸性沙质壤土。

花期

11 月至翌年 3 月。

观赏价值

蜡梅于隆冬时节开放，斗雪傲霜，冰肌玉骨，浓香扑鼻，可片植形成梅花林，或与其他花卉配植，还可盆栽制成高级的欣赏盆景。

其他用途

蜡梅的花蕾、根和根皮可入药，花蕾可开胃散郁、解暑生津；根可祛风解毒、止血；根皮主要外用来治疗刀伤出血。

老枝圆柱形，有皮孔

果坛状或倒卵状椭圆形，口部收缩

内部花被片比外部短

太平花

别名： 山梅花、太平瑞圣花、京山梅花、白结花

科属： 虎耳草科山梅花属

分布： 内蒙古、辽宁、河北、河南、湖北、陕西、山西等地

形态特征

灌木。树高 1 ~ 2 米，分枝多；小枝无毛，其中当年生小枝表皮黄褐色，二年生小枝栗褐色；叶长 6 ~ 9 厘米，宽 2.5 ~ 4.5 厘米，呈卵形或阔椭圆形，先端长渐尖，基部楔形或阔楔形，叶缘有锯齿，两面均无毛；花枝上的叶较小，长 2.5 ~ 7 厘米，宽 1.5 ~ 2.5 厘米，椭圆形或卵状披针形；总状花序有花 5 ~ 9 朵；花序轴黄绿色，长 3 ~ 5 厘米；花梗无毛，长 3 ~ 6 毫米；花萼黄绿色，裂片卵形，先端急尖，干后有明显脉纹；花冠盘状，花瓣白色，呈倒卵形；雄蕊 25 ~ 28 枚；花柱纤细，先端稍微分裂，柱头棒形或槌形；蒴果球形或倒圆锥形；种子有短尾。

生长习性

太平花有较强的耐寒、耐旱和耐瘠薄能力，不耐积水，喜排水良好的肥沃土壤。

花期

5 ~ 7 月。

观赏价值

太平花枝叶茂密，花色洁白，多朵聚集，简雅大方，且有芳香，是理想的观赏花木，可植于林缘，或作为大型花坛的中心栽植花木。

其他用途

太平花根可入药，有解热镇痛、截疟的功效，可用来治疗腰痛、胃痛、挫伤和疟疾等病症。

枝叶茂密，花色洁白，观赏价值良好

叶先端长渐尖，基部楔形或阔楔形

总状花序

花冠盘状，花瓣呈倒卵形

花序轴黄绿色，长 3 ~ 5 厘米

金苞花

别名：黄虾花、金包银、黄金宝塔

科属：爵床科单药花属

分布：南北地区

形态特征

常绿亚灌木。株高可达 1 米，盆栽仅为 15 ~ 20 厘米；茎节膨大，茎直立，多分枝，基部逐渐木质化；叶对生，革质，呈卵形或长卵形，叶脉纹理清晰鲜明，叶面褶皱，富有光泽；花序顶生，四棱形，长 10 ~ 15 厘米，由整齐重叠的金黄色心形苞片组成；花唇形，乳白色，长约 5 厘米，由下往上陆续绽开。

生长习性

喜光照充足、高温高湿的生长环境，能耐阴，生长适宜温度为 18 ~ 25 摄氏度，要求土壤肥沃、排水性好。

花期

夏、秋季。

观赏价值

金苞花株丛整齐美观，姿态优美，花色乳白，苞片层叠金黄，黄白交映，且花期长，是不可多得的观赏花卉。

其他用途

金苞花多用于景观造景，南方地区多地植来布置花坛和花境，北方则宜温室盆栽，常用来布置厅堂、会场、居室和阳台。

花序四棱形，由整齐重叠的金黄色心形苞片组成

花唇形，乳白色

光叶子花

别名：九重葛、贺春红、红包藤、四季红、三角梅

科属：紫茉莉科叶子花属

分布：南北各地

形态特征

藤状灌木。茎粗壮，枝下垂，疏生柔毛或无毛；有刺长 5 ~ 15 毫米，腋生；叶纸质，长 5 ~ 13 厘米，宽 3 ~ 6 厘米，卵形或卵状披针形，叶面无毛，叶背微被柔毛；叶柄长约 1 厘米；花顶生，着生在枝端的苞片内，每个苞片内有花 1 朵；花梗与苞片中脉贴生；苞片叶状，纸质，长圆形或椭圆形，紫色或洋红色；花被管有棱，长 2 厘米左右，疏生柔毛，淡绿色；雄蕊 6 ~ 8 枚；花柱线形，侧生，柱头尖，边缘扩展成薄片状；花盘上部撕裂状，基部合生呈环状。

生长习性

阳性花卉，喜光照充足、温暖湿润的生长气候，不耐寒，忌水涝，适宜在疏松肥沃的微酸性土壤中生长。

花期

南方冬春期间，北方 3 ~ 7 月。

观赏价值

光叶子花开放时挂满枝头，绚烂似锦，持续时间长，南方多让其攀附在围墙上生长，形成美丽的花墙，北方多盆栽，可置于门廊或厅堂入口处。

其他用途

光叶子花还有很好的药用价值，叶能化淤消炎，是天然的止痛剂。

花着生在枝端的苞片内，苞片叶状，色彩艳丽

花被管有棱

叶纸质，卵形或卵状披针形

第四章

乔木植物

乔木即我们常说的“树”，有独立的主干，且树干和树冠区分明显，树高通常 6 米至数十米，依其高度可将其分成伟乔、大乔、中乔和小乔，根据其落叶与否又可分为落叶乔木和常绿乔木两大类。乔木作为园林美化中的骨干树种，在功能和视觉效果上皆有主导作用，集遮阴、美化、调节气候等多种用途于一身，观赏价值高且持续时间长。

梅花

别名：酸梅、合汉梅、乌梅、春梅、干枝梅

科属：蔷薇科杏属

分布：全国各地

形态特征

小乔木或灌木。树高 4 ~ 10 米，树皮平滑，浅灰色或带绿色；小枝光滑无毛，绿色；叶长 4 ~ 8 厘米，宽 2.5 ~ 5 厘米，卵形或椭圆形，先端尾尖，基部宽楔形至圆形，叶缘有小锐锯齿，幼时叶两面有短柔毛，后脱落；叶柄长 1 ~ 2 厘米，幼时有毛，老时脱落；花单生或两朵共生，花开放时无叶，味香浓；花梗短；花萼通常为红褐色，萼筒宽钟形，无毛或有短柔毛，萼片卵形或近圆形；花瓣倒卵形；雄蕊短或稍长于花瓣；花柱短或稍长于雄蕊；果实球形，被柔毛，黄色或绿白色。

生长习性

喜温暖气候，不耐寒和水涝，但较耐旱，适宜在阳光充足、通风良好的环境下生长。

花期

冬季。

观赏价值

梅花娇小玲珑，纯真高洁，是冬季重要的观赏花卉，可孤植、丛植或群植，亦可用来制作盆景或用作鲜切花。

其他用途

梅花的花、根和果实可入药，其中花、根有利肺化痰、活血解毒的功效；果实可驱虫止痢、解热镇咳。而且果实和树皮还可以用来制作染料，树干因其材质优良，是手工雕刻的重要材料。

花开放时无叶

雄蕊短或稍长于花瓣

花娇小玲珑，是冬季重要的观赏花卉

梨花

别名：梨之花

科属：蔷薇科梨属

分布：全国各地

形态特征

落叶乔木。主干树皮在幼树期光滑，后逐渐变粗，有纵裂或剥落；嫩枝有茸毛或无毛，后脱落；单叶互生，卵状或长卵圆形，叶缘有锯齿，嫩叶红色或绿色，开展后变成绿色；托叶脱落早；伞房花序，花白色，两性；花瓣近圆形或呈宽椭圆形；果实形状多样，果皮有黄色和褐色两大类，果肉中有石细胞；种子黑褐色或近黑色。

生长习性

喜光照充足、温暖的生长环境，适应性强，适宜在土层深厚、保水性良好的土壤中生长。

花期

4～5月。

观赏价值

梨花洁白如雪，清雅绝伦，常用于园林和庭院绿化，春可赏花，夏可遮阴，秋可食果，冬可观姿。梨树也可大面积种植，形成梨花观赏园，美不自胜。

其他用途

梨花可制成花茶，有清肺润肠的功效；若将捣碎的新鲜梨花敷于面部，能淡化面部黑斑。

伞房花序，花白色

梨果圆形，果皮黄色

梨花成片开放时素裹银装，花繁胜雪

杏花

别名：无

科属：蔷薇科杏属

分布：除南部沿海和台湾省外的其余各地

形态特征

乔木。树高 5 ~ 12 米，树皮灰褐色，有纵裂；树冠圆形、扁圆形或长圆形；老枝皮孔大而横生，浅褐色，幼枝有小皮孔，无毛有光泽，浅红褐色；叶长 5 ~ 9 厘米，宽 4 ~ 8 厘米，呈宽卵形或圆卵形，叶缘有圆钝锯齿，两面无毛或叶背脉腋间有柔毛；叶柄无毛，长 2 ~ 3.5 厘米；花单生，先于叶开放；花梗短，有短柔毛；花萼紫绿色，萼筒圆筒形，萼片卵形至卵状长圆形，先端圆钝或急尖，花后反折；花瓣白色或带红色，圆形至倒卵形，基部有短爪；雄蕊 20 ~ 45 枚，比花瓣稍短；花柱稍长或与雄蕊等长，下部有柔毛；果实球形，微被短柔毛，果肉多汁，成熟时不开裂。

生长习性

耐寒耐高温，适应能力极强。

花期

3 ~ 4 月。

观赏价值

杏花白红相间，如胭脂万点，是著名的观赏花木，常植于庭前、路旁、水边或墙隅，也可片植或群植在山坡或水畔。

其他用途

果实可生食或加工成果仁、果脯等产品；杏仁可食用或榨油；杏花可入药，有祛风通络、补中益气的功效。

花单生，花梗短

果实球形，微被短柔毛

花柱稍长或与雄蕊等长

桃花

别名：无

科属：蔷薇科桃属

分布：全国各省区皆有广泛栽培

形态特征

落叶小乔木。树高 3 ~ 8 米，树皮暗红色，老时粗糙呈鳞片状；小枝无毛有光泽，有大量的小皮孔；叶长 7 ~ 15 厘米，宽 2 ~ 3.5 厘米，呈长圆披针形或倒卵状披针形，先端渐尖，基部宽楔形，叶缘有粗锯齿或细锯齿；叶柄长 1 ~ 2 厘米；花单生，先于叶开放；花梗短几近无梗；萼筒钟形，萼片卵形至长圆形；花瓣粉红色，罕有白色，长圆状椭圆形至宽倒卵形；花药绯红色；花柱比雄蕊短或等长；果实卵形或宽椭圆形，密被短柔毛，核椭圆形或近圆形；种仁苦。

生长习性

阳性树种，耐寒耐旱，忌水涝，喜湿润的生长环境。

花期

3 ~ 4 月。

观赏价值

桃花简雅丽质、美艳娇媚，花开时满树红花，娇艳夺目，是良好的观赏树木，可孤植和丛植，皆有良好的视觉效果。

其他用途

果实可食用，肉质鲜美，含有多种营养元素，特别适合缺铁性贫血和低血钾的人食用；桃树干上分泌的桃胶可食用，也可药用，还可用作粘结剂等。

花瓣粉红色，长圆状椭圆形至宽倒卵形

果实密被短柔毛，果肉多汁

雄蕊约多数，花药绯红色

垂丝海棠

别名：垂枝海棠

科属：蔷薇科苹果属

分布：江苏、浙江、陕西、安徽、四川及云南

形态特征

乔木。树高可达 5 米；小枝细弱，呈圆柱形，微弯曲，紫色或紫褐色，初有毛，后脱落；叶长 3.5 ~ 8 厘米，宽 2.5 ~ 4.5 厘米，呈卵形或椭圆形至长椭卵形，先端渐尖，基部楔形至近圆形，叶缘有圆钝细锯齿，叶面深绿色，富有光泽并有紫晕；叶柄长 5 ~ 25 毫米；托叶膜质，呈披针形，脱落早；伞房状花序，有花 4 ~ 6 朵；花梗细弱下垂，长 2 ~ 4 厘米；萼筒外无毛，萼片三角卵形，先端钝，比萼筒短或等长；花瓣长约 1.5 厘米，倒卵形，基部有短爪；雄蕊 20 ~ 25 枚，花丝长短不齐，长及花瓣的一半；花柱 4 ~ 5 枚，基部有长绒毛；果实梨形或倒卵形，略带紫色。

生长习性

喜光照充足、温暖湿润的生长环境，不耐阴也不耐寒，不择土壤，但在土层深厚、疏松肥沃的黏质土壤中生长更好。

花期

3 ~ 4 月。

观赏价值

垂丝海棠叶茂花繁，花朵悬垂，娇柔清丽，是优良的观赏性花卉，常植于园林景区或林缘。

其他用途

垂丝海棠的果实可食，味道酸甜爽口，还可制成蜜饯；花可入药，有调经和血之效，主治血崩。

小枝圆柱形

花梗细弱下垂，长 2 ~ 4 厘米

垂丝海棠娇柔清丽，观赏性强

西府海棠

别名：海红、子母海棠、小果海棠、解语花

科属：蔷薇科苹果属

分布：辽宁、陕西、甘肃、山东、山西、云南

形态特征

小乔木。树高 2.5 ~ 5 米，直立；小枝细弱，圆柱形，紫红色或暗褐色，有稀疏皮孔，嫩时有短柔毛，老时脱落；叶呈椭圆形或长椭圆形，先端急尖或渐尖，基部楔形，叶缘有尖锐的锯齿；叶柄长 1 ~ 3.5 厘米；托叶膜质，呈线状披针形，边缘疏生腺齿；花 4 ~ 7 朵呈伞形，总状花序生于小枝顶端；花梗长 2 ~ 3 厘米；苞片膜质，呈线状披针形；萼筒外密被白色长绒毛，萼片长 5 ~ 8 毫米，先端渐尖或急尖，萼片比萼筒长或等长；花瓣近圆形或呈长椭圆形，基部有短爪，粉红色；雄蕊 20 枚，花丝长短不一；花柱 5 枚，与雄蕊几乎等长，基部有绒毛；果实近球形，红色。

生长习性

喜光，耐寒耐旱，忌水涝。

花期

4 ~ 5 月。

观赏价值

西府海棠树姿峭立，花色艳丽，叶绿果美，无论孤植、列植还是丛植都极富美感，最适宜植于水畔或小亭一隅。

其他用途

西府海棠的果实名为海棠果，形似山楂，酸甜美味，可生食或加工成蜜饯等。

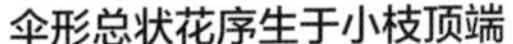

伞形总状花序生于小枝顶端

果实近球形

樱花

别名：东京樱花、日本樱花

科属：蔷薇科樱属

分布：西部和西南部地区

形态特征

乔木。树高 4 ~ 16 米，树皮灰色；小枝淡紫褐色，嫩枝绿色；叶长 5 ~ 12 厘米，宽 2.5 ~ 7 厘米，呈椭圆卵形或倒卵形，先端渐尖，基部圆形，叶缘有尖锐重锯齿，叶面深绿色，叶面淡绿色；叶柄长 1.3 ~ 1.5 厘米；托叶披针形，脱落早；伞形总状花序，花开时无叶；花梗极短；总苞片椭圆形，两面疏被柔毛；苞片匙状长圆形；萼筒管状，萼片三角状长卵形；花瓣椭圆卵形，先端下凹，全缘 2 裂；雄蕊多数，比花瓣短；核果近球形，表面略有棱纹。

生长习性

温带、亚热带树种，喜阳光充足、温暖湿润的生长环境，稍能耐寒耐旱，但不耐盐碱和水涝，适宜在疏松肥沃、排水良好的沙质土壤中生长。

花期

4 月。

观赏价值

樱花花繁色艳，盛开时如霞似锦，浪漫梦幻，异常壮观，可大片栽植形成“花海”，除此之外，樱花树还可栽作行道树、制作绿篱或盆景等。

其他用途

樱花皮和木材入药可用来治疗咳嗽、发热等症状；樱花还能很好地平衡皮肤油脂，有嫩肤、提亮肤色的功效，是护肤品的重要原料之一。

樱花花繁色艳，盛开时如霞似锦，应用十分广泛

伞形总状花序，每枝有花 3 ~ 5 朵

花瓣椭圆卵形，先端下凹，全缘 2 裂

树皮紫褐色，富有光泽

叶椭圆卵形或倒卵形，叶缘有尖锐重锯齿

碧桃

别名： 千叶桃花

科属： 蔷薇科李属

分布： 西北、华北、东北及西南等地

形态特征

乔木。树高 3 ~ 8 米，树皮暗红褐色，老时粗糙呈鳞片状；小枝细长，绿色有光泽，有大量小皮孔；叶长 7 ~ 15 厘米，宽 2 ~ 3.5 厘米，呈长圆披针形、椭圆披针形或倒卵状披针形，先端渐尖，基部宽楔形，叶缘有粗、细锯齿；叶柄粗壮，长 1 ~ 2 厘米；花单生，先于叶开放，花直径 2.5 ~ 3.5 厘米；花梗极短近乎无梗；萼筒钟形，绿色且具有红色斑点，被短柔毛；萼片卵形至长圆形，外有短柔毛；花瓣粉红色，长圆状椭圆形至宽倒卵形；雄蕊多数，花药绯红色；花柱比雄蕊稍短或等长；果卵形、扁圆形或宽椭圆形，密被短柔毛；果肉多汁有香味。

生长习性

喜光照充足、温暖的生长环境，耐旱，耐寒，但不耐潮湿和积水，要求土壤疏松肥沃。

花期

3 ~ 4 月。

观赏价值

碧桃开花时无叶，满树红花，美丽娇艳，且花期长达半月之久，被广泛应用于园林绿化。碧桃也可盆栽制成高级盆景，或用作切花。

其他用途

桃树干上分泌的胶质可用作粘结剂，也可食用或供药用，有和血益气之效。

树高 3 ~ 8 米，树皮暗红褐色

花粉红色，先于叶开放

花瓣长圆状椭圆形至宽倒卵形

木棉

别名：攀枝花、红棉树、英雄树

科属：木棉科木棉属

分布：四川、贵州、江西、广西、广东、福建、云南及台湾等亚热带地区

形态特征

落叶大乔木。树高可达 25 米，树皮灰白色，幼树枝干上有圆锥状粗刺；掌状复叶，有小叶 5 ~ 7 枚，呈长圆形至长圆状披针形，顶端渐尖，基部阔或渐狭，两面均无毛，网脉细密；托叶小；花单生枝顶或叶腋，花通常为红色，有时橙红色；萼杯状，外面无毛，内有淡黄色绢毛，萼齿 3 ~ 5 枚，呈半圆形；花瓣肉质，呈倒卵状长圆形，被星状柔毛；雄蕊多数，花丝基部粗，向上渐细；花柱比雄蕊长；蒴果长圆形，密被柔毛；种子倒卵形，光滑。

生长习性

喜光照充足、温暖干燥的生长环境，耐旱，稍耐湿，但不耐寒和积水，土壤以深厚肥沃、排水良好的微酸性或中性土壤为佳。

花期

3 ~ 4 月。

观赏价值

木棉树形高大挺拔，色红如火，花形端庄雅丽，是优良的风景树、行道树和庭荫树。

其他用途

木棉花可入药，有清热解毒、利湿的功效，可用来治疗血崩、痢疾、泄泻等症状。木棉纤维短而细软，被誉为“植物软黄金”，耐压性强，不易被浸湿，且不霉不蛀，适合用来填充救生衣和枕头等。

萼杯状，萼齿 3 ~ 5 枚，呈半圆形

幼树的枝干上常有圆锥状的粗刺

花瓣肉质，呈倒卵状长圆形

美人树

别名：大腹异木棉、丝绵树、酩酊树

科属：木棉科异木棉属

分布：华南地区

形态特征

落叶乔木。树高 8 ~ 15 米，树干绿色，并疏生瘤状刺，侧枝斜向上展开；叶互生，掌状复叶，有小叶 5 ~ 7 枚，叶长 12 ~ 14 厘米，呈倒卵形或椭圆形，叶缘有锯齿；总状花序顶生，花冠裂片 5 枚，淡粉红色，近中心白色带紫褐色；花丝合生成雄蕊管，包围住花柱；蒴果椭圆形，果实成熟后，外皮自然脱落，有白色絮状物脱颖而出，如开裂的棉花团。

生长习性

强阳性植物，喜高温高湿的生长环境，能抗风，但不耐旱，一般生长速度比较快。

花期

10 ~ 11 月开始开花，花期长 2 ~ 3 个月，其中 12 月观赏最佳。

观赏价值

美人树花如其名，娇娆秀丽，盛开时满树嫣红，耀眼炫目，是优良的观花树木。

其他用途

美人树是绿化和美化庭院的高级树种，也常栽作高级行道树。

总状花序顶生

花冠裂片 5 枚，淡粉红色

花丝合生成雄蕊管，包围住花柱

合欢

别名： 夜合树、绒花树、马缨花、福榕树、绒线花、扁担树

科属： 含羞草科合欢属

分布： 东北至华南以及西南部地区

形态特征

落叶乔木。树高可达 16 米，树干浅灰褐色，树皮有轻度纵裂，树冠开展，小枝有棱角；二回羽状复叶，羽片 4 ~ 12 对，小叶 10 ~ 30 对，叶长 6 ~ 12 毫米，宽 1 ~ 4 毫米，呈线形至长圆形，先端极尖，基部楔形，叶缘有毛；头状花序呈伞状排列，腋生或顶生；花萼筒状，有 5 齿裂；花冠淡红色，呈漏斗状，有 5 裂，裂片三角形；雄蕊多数而细长，花丝基部连合；荚果扁平，呈长椭圆形。

生长习性

阳性树种，喜温暖湿润的生长环境，忌水涝和积水，适宜在沙质土壤中生长。

花期

6 ~ 7 月。

观赏价值

合欢花开如簇绒，十分可爱美丽，常用于园林观赏或作为城市行道树。

其他用途

合欢花和树皮皆可入药，花有解郁安神、活络止痛的功效，对郁结胸闷、失眠健忘、神经衰弱等症状有一定的治疗效果；树皮有解郁宁心的功效，可治疗忧郁失眠、心神不安等病症。

头状花序呈伞状排列

二回羽状复叶，有小叶 10 ~ 30 对

蓝花楹

别名：蓝雾树、巴西紫葳、紫云木、含羞草叶蓝花楹

科属：紫葳科蓝花楹属

分布：广东、广西、福建、云南南部及海南等地

形态特征

落叶乔木。树高达 15 米；叶对生，二回羽状复叶，羽片 16 对以上，每个羽片有小叶 16 ~ 24 对；小叶长 6 ~ 12 毫米，宽 2 ~ 7 毫米，椭圆状披针形至椭圆状菱形，顶端急尖，基部楔形；花序长达 30 厘米，花蓝色；花萼筒状，萼齿 5 枚；花冠筒细长，下部微弯，上部膨大，花冠裂片呈圆形；雄蕊 4 枚，花丝着生在花冠筒中部；子房无毛，圆柱形；蒴果木质，扁卵圆形，中部厚，四周薄。

生长习性

喜阳光充足、温暖湿润的生长环境，不耐霜寒，不挑土壤，在微酸性或中性土壤中均能生长。

花期

5 ~ 6 月。

观赏价值

蓝花楹盛开时蓝花满枝，十分清丽秀雅，蓝色的花朵少见而独特，是一种珍贵的珍奇花木，常栽作遮阴树、行道树或风景树，花开绚烂，浪漫唯美。

其他用途

蓝花楹纹理通直，容易加工，是良好的家具用材，而且还可用来造纸，经济价值高。

树高达 15 米，盛开时蓝花满枝，清丽秀雅

花序长达 30 厘米，花冠筒细长

梓树

别名： 花楸、水桐、臭梧桐、黄花楸、水桐楸、木角豆

科属： 紫葳科梓属

分布： 东北、华北、西北、华中、西南地区

形态特征

落叶乔木。树高6米左右，最高可达15米，树干平滑通直；叶对生或近于对生，长宽相近约25厘米，呈阔卵形，顶端渐尖，基部心形，叶缘浅波状，叶面和叶背粗糙，无毛或疏被柔毛；叶柄长6～18厘米；圆锥花序顶生；花序梗长12～28厘米，微被疏毛；花梗长3～8毫米；花萼圆球形，有2裂，裂片广卵形；花冠钟状，二唇形，上唇2裂，下唇3裂，边缘波状，筒内部有2条黄色条带和暗紫色斑点；能育雄蕊2枚，花丝插生于花筒冠上，花药叉开；花柱丝形，柱头2裂；蒴果下垂，线形；种子长椭圆形，背部略隆起。

生长习性

喜温暖，能耐寒，不耐干旱瘠薄，适应性较强，喜湿润肥沃、土层深厚的夹沙土壤。

花期

6～7月。

观赏价值

梓树通直端正，树冠如伞，叶大荫浓，花开时，白花累垂，可用作庭荫树或行道树。

其他用途

梓树叶、果实和木材均可入药，其中梓叶能清热解毒，杀虫止痒；果实能利水消肿；梓木除了能催吐止痛，还能用来制作家具和琴底。

花序梗长12～28厘米

叶阔卵形，顶端渐尖，基部心形

筒内部有2条黄色条带和暗紫色斑点

桂花

别名：岩桂、九里香、金粟

科属：木樨科木樨属

分布：淮河流域及其以南地区，北抵黄河下游，南至两广、海南等地

形态特征

常绿乔木或灌木。树高 3 ~ 5 米，最高可达 18 米；树皮灰褐色，小枝黄褐色；叶革质，长 7 ~ 14.5 厘米，宽 2.6 ~ 4.5 厘米，呈椭圆形、长圆形或椭圆状披针形，先端渐尖，基部渐狭呈楔形或宽楔形，两面均无毛；叶柄长 0.8 ~ 1.2 厘米，无毛；聚伞花序簇生于叶腋，花极香；苞片质厚，呈宽卵形；花梗细弱，无毛；花萼裂片稍不整齐；花冠裂 4 片；雄蕊着生在花冠管中部，花丝极短，花药长约 1 毫米；雌蕊长约 1.5 毫米，花柱长约 0.5 毫米；果椭圆形，紫黑色。

生长习性

喜温暖湿润、光照充足的生长环境，能耐高温和寒冷，忌积水。对土壤要求不严，但以土层深厚、排水良好的微酸性沙质土壤为佳。

花期

9 ~ 10 月。

观赏价值

桂花树四季常绿，开花时芳香扑鼻，是极佳的绿化花木，园林中常用作园景树，可孤植、对植，也可以成片栽种。

其他用途

桂花可入药，有化痰止咳、散寒破结的功效，用于咳喘痰多、闭经腹痛等病症的治疗；果实有暖胃散寒、平肝之效；根可散寒祛风湿。而且桂花还可制成桂花茶，美容养颜。

雄蕊着生在花冠管中部，花丝极短

聚伞花序簇生于叶腋

叶革质，绿色

花冠裂 4 片

花梗细弱，无毛

油桐

别名：罂子桐、荏桐、桐子树

科属：大戟科油桐属

分布：华东、华南、西南等地

形态特征

落叶乔木。树高达10米，树皮光滑，灰色；枝条粗壮无毛，有明显皮孔；叶长8～18厘米，宽6～15厘米，卵圆形，顶端短尖，基部截平至浅心形，叶面深绿色，叶背灰绿色，叶上有掌状脉5～7条；叶柄与叶片几乎等长，顶端有2枚扁平无柄的腺体；花雌雄同株，先于叶或与叶同时开放；花萼有2～3裂，外密被棕褐色微柔毛；花瓣倒卵形，顶端圆形，基部爪状，白色，有淡红色脉纹；雄花有雄蕊8～12枚，外轮离生，内轮在花丝中部以下合生；雌花子房密被柔毛，花柱2裂；核果近球状，果皮光滑；种子3～4颗，种皮木质。

生长习性

喜光照充足、温暖的生长环境，能耐阴、耐寒，但不耐干旱、瘠薄、积水和移植，适宜在肥沃、排水良好的土壤中生长。

花期

3～4月。

观赏价值

油桐花开时白花簇簇，洁净纯白，如雪落枝头，美丽壮观。

其他用途

油桐的根、叶和花均可入药，其中根有祛风利湿、驱虫之效；叶可解毒杀虫；花可生肌、清热解毒，外用治烧伤。

花白色，有淡红色脉纹

叶上有掌状脉5～7条

凤凰木

别名： 红花楹、凤凰树、火树、影树、金凤

科属： 豆科凤凰木属

分布： 广东、广西、福建、云南、海南及台湾等地

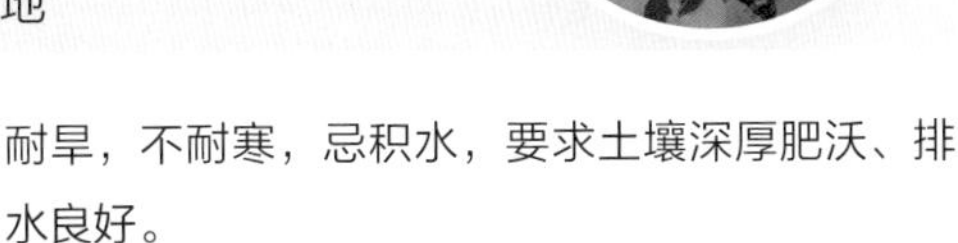

形态特征

落叶乔木。树高可达 20 余米，树皮粗糙无刺；小枝有明显皮孔；二回偶数羽状复叶，羽片对生有小叶 25 对，长 4 ~ 8 毫米，宽 3 ~ 4 毫米，长圆形，两面均有绢毛；伞房状总状花序腋生或顶生，花大美丽；花梗长 4 ~ 10 厘米；花托短陀螺状或盘状；萼片 5 枚，花开后反卷；花瓣 5 枚，呈匙形，有黄色和白色斑点；雄蕊 10 枚，长短不等，花丝粗，花药红色；子房黄色，花柱柱头小；荚果扁平，稍弯曲，成熟时黑褐色；种子多数，坚硬平滑，黄色且染有褐斑。

生长习性

热带树种，喜阳光充足、高温高湿的生长环境，耐旱，不耐寒，忌积水，要求土壤深厚肥沃、排水良好。

花期

6 ~ 7 月。

观赏价值

凤凰木树大挺拔，花开时，红艳如火，叶如凰羽，花若凤冠，富丽堂皇，是热带著名的花木，常栽作行道树、遮阴树和观赏树。

其他用途

凤凰木的树皮可入药，有解热、平肝之效；花和种子有毒，误食后会出现头晕、腹泻、腹痛等不良症状。

花色鲜艳，是著名的观赏花木

二回偶数羽状复叶，羽片对生

花瓣 5 枚，有黄色和白色斑点

刺桐

别名： 海桐、山芙蓉、空桐树、木本象牙红

科属： 豆科刺桐属

分布： 广东、广西、福建、台湾等地

形态特征

大乔木。树高可达 20 米；树皮灰褐色，枝上有明显的叶痕和锥形的黑色直刺；羽状复叶有 3 枚小叶，小叶膜质，宽卵形或菱状卵形，先端尖而钝，基部宽楔形或截形，基脉 3 条，侧脉 5 对；总状花序顶生，花密集或成对着生；总花梗粗壮，上有短绒毛，长约 1 厘米；花萼佛焰苞状，口部偏斜，一边开裂；花冠旗瓣椭圆形，先端圆，龙骨瓣 2 片离生，翼瓣与龙骨瓣几乎等长；雄蕊 10 枚；子房有柔毛，花柱无毛；荚果肥厚，稍弯曲，黑色；种子 1 ~ 8 颗，呈肾形，暗红色。

生长习性

喜光照充足、温暖湿润的生长环境，耐旱耐湿，不甚耐旱，不择土壤，但以疏松肥沃的沙壤土为佳。

花期

3 月。

观赏价值

刺桐树姿高大优美，花形奇特别致，是优良的行道树和风景树。

其他用途

刺桐的树皮和根皮入药有舒筋活络、祛风湿之效，对治疗腰腿筋骨疼痛、风湿麻木等症有一定的效果。刺桐木质轻软，可用来制造玩具或木屐。

枝上有明显的叶痕和锥形的黑色直刺

总状花序顶生，花密集、成对着生

总花梗粗壮，长 7 ~ 10 厘米

刺槐

别名：洋槐、刺儿槐

科属：豆科刺槐属

分布：全国各地普遍栽培

形态特征

落叶乔木。树高 10 ~ 25 米，树皮灰褐色至黑褐色，小枝灰褐色；托叶刺长 2 厘米；羽状复叶长 10 ~ 25 厘米，有小叶 2 ~ 12 对；小叶卵形、椭圆形或长椭圆形，先端圆，基部圆至阔楔形，叶面绿色，叶背灰绿色，幼时有短柔毛，后无毛；总状花序下垂，腋生，花多数，有芳香；苞片脱落早；花梗长 7 ~ 8 毫米，花萼斜钟状，萼齿 5 枚，三角形至卵状三角形；花冠白色，旗瓣近圆形，先端凹缺，基部圆，内有黄斑，翼瓣斜倒卵形，基部一侧有圆耳，龙骨瓣镰状，前缘合生；雄蕊二体；子房线形；花柱钻形；柱头顶生；荚果线状长圆形；种子褐色至黑褐色，近肾形。

生长习性

温带树种，耐旱，忌积水，喜土层深厚、疏松肥沃的沙质土壤或黏壤土。

花期

4 ~ 6 月。

观赏价值

刺桐花繁叶美，盛开时白花绿叶，素雅清新，且清香宜人，是常见的庭荫树和行道树。

其他用途

可入药，有良好的止血效果，可治疗吐血、咯血或妇女红崩。刺槐根系浅而发达，且适应性强，是固沙保土的理想树种。

总状花序下垂，腋生，花多数

花冠白色，有芳香

羽状复叶长 10 ~ 25 厘米

洋紫荆

别名：宫粉羊蹄甲、红紫荆、弯叶树

科属：豆科羊蹄甲属

分布：全国大部分地区

形态特征

落叶乔木。树皮光滑，暗褐色；枝硬而无毛，稍呈“之”字形曲折；叶近革质，长 5 ～ 9 厘米，宽 7 ～ 11 厘米，广卵形至近圆形，基部浅至深心形，叶面无毛，叶背略有灰色短柔毛；叶柄长 2.5 ～ 3.5 厘米；总状花序顶生或侧生；总花梗粗而短；苞片和小苞片呈卵形，脱落极早；萼佛焰苞状，一侧开裂，有短毛；花托长 12 毫米；花瓣呈倒卵形或倒披针形，有瓣柄，色紫红或淡红，杂以暗紫色和黄绿色的斑纹；能育雄蕊 5 枚，退化雄蕊 1 ～ 5 枚，花丝纤细无毛；子房有柄，柱头小；荚果扁平，带状，有长柄和喙；种子 10 ～ 15 颗，扁平，近圆形。

生长习性

喜阳光充足、温暖多雨的生长环境，不耐寒，忌水涝，喜土层深厚、疏松肥沃的偏酸性沙质土壤。

花期

全年。

观赏价值

洋紫荆花简雅大方，略有芳香，观赏价值高。

其他用途

洋紫荆的花和根皮可入药，其中花能消炎解毒，可用于风热咳嗽和肝炎等症；根皮用水煎服，可治疗消化不良；而且花、芽、嫩叶和幼果均可食用。

总状花序顶生或侧生

叶近革质，广卵形至近圆形

花瓣呈倒卵形或倒披针形

香花槐

别名：富贵树

科属：豆科槐属

分布：华北、西北及南方地区

形态特征

落叶乔木。树高 10 ～ 12 米，树干褐色至灰褐色；羽状复叶互生，有小叶 7 ～ 19 枚，小叶长 4 ～ 8 厘米，椭圆形至长圆形，叶片鲜绿色，光滑有光泽；总状花序长 8 ～ 12 厘米，腋生，下垂；花红色，香味浓郁；无荚果，不结种子。

生长习性

喜光，适应性强，耐寒、耐干旱瘠薄和盐碱，抗病力强。

花期

5 ～ 9 月。

观赏价值

香花槐树姿苍劲挺拔，树冠开阔，盛开时红色花朵成串累垂，色泽艳丽，且芳香四溢，是不可多得的观赏花木，常用于公路和铁路的绿化，被誉为 21 世纪的黄金树。

其他用途

香花槐因其根系发达，根蘖性强，有良好的保持水土能力，可用来造林防沙和绿化荒山，改善生态环境；香花槐粉尘吸附能力亦强，可净化空气，而且还能吸声，降低噪音污染。

总状花序，花红色

羽状复叶互生，有小叶 7 ～ 19 枚

台湾相思

别名： 相思树、台湾柳、相思仔、洋桂花

科属： 豆科相思子属

分布： 台湾、广东、广西、福建、南海、云南和江西等地

形态特征

常绿乔木。树高 6 ~ 15 米，枝无刺，灰色或褐色，小枝纤细；苗期的第一片真叶为羽状复叶，长大后小叶退化，叶柄变成叶状柄，革质，长 6 ~ 10 厘米，宽 5 ~ 13 毫米，呈披针形，直或微弯成弯镰状，两面均无毛，有 3 ~ 8 条明显的纵脉；头状花序球形，单生或簇生于叶腋；总花梗纤弱；花金黄色，微有香气，花瓣长约 2 毫米；雄蕊多数，伸出花冠外；花柱长约 4 毫米；荚果扁平，顶端钝有凸头，基部楔形；种子 2 ~ 8 颗，呈椭圆形。

生长习性

喜暖热气候，能耐半阴和旱瘠土壤，适应性非常强，在酸性土壤中生长更好。

花期

3 ~ 10 月。

观赏价值

台湾相思树挺拔苍翠，花如团绒，别致可爱，黄花绿叶，颇有美感，常栽作园景树、防风树、行道树、护坡树或遮阴树，极富观赏力，尤其适宜海滨绿化。

其他用途

台湾相思树的枝、叶可入药，去腐生肌，可治烂疮。

头状花序球形，单生或簇生于叶腋

叶状柄革质，呈披针形，直或微弯成镰状

广玉兰

别名：荷花玉兰、洋玉兰

科属：木兰科木兰属

分布：长江流域极其以南地区

形态特征

常绿乔木。树高可达 30 米，树皮灰色或淡褐色，薄鳞片状开裂；小枝粗壮，密被褐色或灰褐色短绒毛；叶厚革质，长 10 ~ 20 厘米，宽 4 ~ 7 厘米，呈椭圆形、长圆状椭圆形或倒卵状椭圆形，先端钝，基部楔形，叶面深绿色，富有光泽；叶柄长 1.5 ~ 4 厘米，有深沟；花单生，色白，有芳香；花被片厚肉质，呈倒卵形；雄蕊长约 2 厘米，花丝紫色，扁平，花药内向；雌蕊群椭圆形，密被长绒毛；花柱卷曲状；聚合果圆柱状长圆形或卵形，密被褐色或淡灰黄色绒毛；种子卵形或近卵圆形。

生长习性

喜温湿的气候，有一定的抗寒能力，忌积水，适宜在湿润肥沃、排水良好的中性土壤或微酸性土壤中生长。

花期

5 ~ 6 月。

观赏价值

广玉兰树姿挺拔壮丽，花色洁白润泽，香气清淡悠远，是珍贵的观赏树种，可孤植、对植、丛植或群植，也是优良的行道树种。

其他用途

叶可入药，能治疗高血压。广玉兰还能吸收空气中的二氧化硫和二氧化碳等有害物质，达到净化空气的目的；其叶、花和幼枝亦能提取芳香油。

聚合果圆柱状长圆形或卵形

叶厚革质，叶面深绿色，富有光泽

花被片厚肉质，呈倒卵形

白兰

别名：白兰花

科属：木兰科含笑属

分布：广东、广西、福建、云南等地

形态特征

常绿乔木。树高达 17 米，树冠阔伞形；树皮灰色，嫩枝和芽密被淡黄白色柔毛，老时脱落；叶薄革质，长 10 ~ 27 厘米，宽 4 ~ 9.5 厘米，呈长椭圆形或披针状椭圆形，先端长渐尖或尾状渐尖，基部楔形，叶面无毛，叶背疏生柔毛，网脉明显；叶柄长 1.5 ~ 2 厘米；花白色，极香，花被片 10 片，呈披针形；雄蕊的药隔伸出长尖头，雌蕊群有微柔毛，雌蕊群柄长约 4 毫米；心皮多数，成熟时随花托延伸形成蓇葖疏生的聚合果。

生长习性

喜光照充足、高燥的生长环境，忌低湿，喜肥沃、排水良好的微酸性沙质土壤。

花期

4 ~ 9 月。

观赏价值

白兰花色洁白，落落大方，清香扑鼻，花期长，是著名的观赏树种，多栽作行道树。

其他用途

白兰花可药用，有行气化浊之效，可治疗咳嗽，除此之外，白兰花还可用来制作熏茶或提取香精；根皮也可入药，能治疗便秘，白兰叶可提取调配香精的香油。

花被片 10 片，呈披针形

叶薄革质，网脉明显

木兰

别名： 玉兰、玉堂春、白玉兰、应春花

科属： 木兰科木兰属

分布： 全国各大城市园林

形态特征

落叶乔木。树高可达 25 米，树枝伸展成树冠，树皮深灰色，开裂粗糙，小枝灰褐色；叶纸质，长 10 ~ 15 厘米，宽 6 ~ 10 厘米，呈倒卵形、宽倒卵形，或倒卵状椭圆形，叶面深绿色，幼时有绒毛，叶背淡绿色，叶上网脉明显；叶柄被柔毛，长 1 ~ 2.5 厘米；花直立于枝端，有芳香，开时无叶；花梗膨大，密被淡灰黄色绢毛；花白色或紫红色，基底常有粉红色，裂片 9 枚，呈长圆状倒卵形；花药侧向开裂，长 6 ~ 7 毫米；种子心形，外种皮红色，内种皮黑色。

生长习性

喜光耐寒，但不耐干旱和水涝。在肥沃、排水良好而带微酸性的砂质土壤中生长良好。

花期

2 ~ 3 月，7 ~ 9 月常会再次开花。

观赏价值

木兰花开时，白花满树，艳丽芬芳，是驰名中外的观赏树木。可孤植或成片种植，具有极佳的观赏效果。

其他用途

木兰花可食用或熏茶，花蕾亦可入药，治疗鼻渊、鼻塞等症。而且木兰树干材质优良，可制成家具。花含有芳香油，可提取香精；种子亦可榨成工业用油。

花开时无叶

花直立于枝端

九里香

别名：九秋香、七里香、千里香、万里香、石桂树

科属：芸香科九里香属

分布：贵州、湖南、广东、广西、福建、云南以及台湾等地

形态特征

小乔木。树高可达 8 米，枝白灰色或蛋黄灰色，当年生枝绿色；有小叶 3 ~ 7 枚，长 1 ~ 6 厘米，宽 0.5 ~ 3 厘米，呈倒卵形或倒卵状椭圆形，顶端圆或钝，基部短尖；小叶柄短；花序顶生或腋生，花朵聚成短缩的圆锥状聚伞花序；花白色，有芳香；萼片卵形；花瓣 5 片呈长椭圆形，盛开时反折；雄蕊 10 枚，长短不等，花丝白色，花药背部有 2 颗细油点；花柱比子房纤细，淡绿色，柱头黄色，粗大；果橙黄至朱红色，阔卵形或椭圆形，顶部短尖，果肉有粘胶质液；种子被绵毛。

生长习性

阳性树种，喜阳光充足、温暖、空气流通的生长环境，不择土壤，但在富含腐殖质、疏松肥沃的沙质土壤中能更好地生长。

花期

4 ~ 8 月。

观赏价值

九里香树姿秀雅，花洁白而极富芳香，四季常青，是理想的盆栽花木，一年四季皆可观赏。

其他用途

九里香枝叶可入药，有活血散淤、行气止痛之效，对内用来治疗风湿痹痛和胃痛，外用可治疗虫蛇咬伤、牙痛和跌扑肿痛等症。而且九里香的花、叶和果都含有精油，是制作化妆品和食品香精的材料。

花白色，聚成短缩的圆锥状聚伞花序

小叶顶端圆或钝，基部短尖，叶缘平展

鸡蛋花

别名：缅栀子、大季花、鸭脚木

科属：夹竹桃科鸡蛋花属

分布：广东、广西、云南、福建等省

形态特征

落叶小乔木，树高约5米；枝条粗壮，无毛，绿色；叶厚纸质，长20～40厘米，宽7～11厘米，呈长椭圆形或长圆状倒披针形，叶面深绿色，叶背浅绿色，均无毛；叶柄无毛，基部有腺体；聚伞状花序顶生；花梗淡红色，长2～2.7厘米；花萼裂片卵圆形；花冠裂片呈阔倒卵形，顶端偏圆；雄蕊生于花冠筒基部，花丝短，花药长圆形，花柱柱头长圆形，顶端2裂；蓇葖双生，圆筒形，无毛、绿色；种子扁平，斜长圆形。

生长习性

阳性树种，喜高温和阳光，耐旱忌涝，耐寒性差。要求土壤深厚肥沃，富含有机质，并且呈酸性。

花期

5～10月。

观赏价值

鸡蛋花树姿婆娑匀称，苍劲挺拔，且花开经久不衰，静雅别致，香气淡雅，在园林布局中可孤植或丛植，也被广泛栽种在华南地区的庭院、草坪等处，有美化、绿化的作用。北方则多盆栽。

其他用途

鸡蛋花晒干后可入药，清热解暑、润肺润喉，可治疗喉咙肿痛等症。鸡蛋花香气淡雅，用其提取的香精制造的高级化妆品、肥皂等价格高昂，极具商业价值。

花梗淡红色

聚伞状花序顶生

花冠裂片呈阔倒卵形，顶端偏圆

索引